U0309409

中国航天技术进展丛书

吴燕生　总主编

国家出版基金项目
NATIONAL PUBLICATION FOUNDATION

空间精密仪器仪表可靠性工程

樊幼温　周　刚　著

中国宇航出版社
·北京·

图书在版编目（CIP）数据

空间精密仪器仪表可靠性工程／樊幼温，周刚著
. -- 北京：中国宇航出版社，2018.10
ISBN 978 - 7 - 5159 - 1540 - 1

Ⅰ．①空… Ⅱ．①樊… ②周… Ⅲ．①航天器仪表－
可靠性－研究 ②航天器－仪器－可靠性－研究 Ⅳ．
①V44

中国版本图书馆 CIP 数据核字（2018）第 242016 号

责任编辑　彭晨光　　　封面设计　宇星文化

出　版
发　行　**中国宇航出版社**

社　址　北京市阜成路 8 号　邮　编　100830
　　　　（010）60286808　　（010）68768548
网　址　www.caphbook.com
发行部　（010）60286888　　（010）68371900
　　　　（010）60286887　　（010）60286804(传真)
零售店　读者服务部
　　　　（010）68371105
承　印　河北画中画印刷科技有限公司

版　次　2018 年 10 月第 1 版
　　　　2018 年 10 月第 1 次印刷
规　格　787×1092
开　本　1/16
印　张　7.25
字　数　172 千字
书　号　ISBN 978 - 7 - 5159 - 1540 - 1
定　价　88.00 元

总　序

  中国航天事业创建 60 年来，走出了一条具有中国特色的发展之路，实现了空间技术、空间应用和空间科学三大领域的快速发展，取得了"两弹一星"、载人航天、月球探测、北斗导航、高分辨率对地观测等辉煌成就。航天科技工业作为我国科技创新的代表，是我国综合实力特别是高科技发展实力的集中体现，在我国经济建设和社会发展中发挥着重要作用。

  作为我国航天科技工业发展的主导力量，中国航天科技集团公司不仅在航天工程研制方面取得了辉煌成就，也在航天技术研究方面取得了巨大进展，对推进我国由航天大国向航天强国迈进起到了积极作用。在中国航天事业创建 60 周年之际，为了全面展示航天技术研究成果，系统梳理航天技术发展脉络，迎接新形势下在理论、技术和工程方面的严峻挑战，中国航天科技集团公司组织技术专家，编写了《中国航天技术进展丛书》。

  这套丛书是完整概括中国航天技术进展、具有自主知识产权的精品书系，全面覆盖中国航天科技工业体系所涉及的主体专业，包括总体技术、推进技术、导航制导与控制技术、计算机技术、电子与通信技术、遥感技术、材料与制造技术、环境工程、测试技术、空气动力学、航天医学以及其他航天技术。丛书具有以下作用：总结航天技术成果，形成具有系统性、创新性、前瞻性的航天技术文献体系；优化航天技术架构，强化航天学科融合，促进航天学术交流；引领航天技术发展，为航天型号工程提供技术支撑。

  雄关漫道真如铁，而今迈步从头越。"十三五"期间，中国航天事业迎来了更多的发展机遇。这套切合航天工程需求、覆盖关键技术领域的丛书，是中国航天人对航天技术发展脉络的总结提炼，对学科前沿发展趋势的探索思考，体现了中国航天人不忘初心、不断前行的执着追求。期望广大航天科技人员积极参与丛书编写、切实推进丛书应用，使之在中国航天事业发展中发挥应有的作用。

雷凡培

2016 年 12 月

序

可靠性是产品的固有属性之一，是指"产品在规定的条件下和规定的时间内完成规定的功能的能力"，反映了产品在使用的正常时限内能被成功使用的概率。陀螺仪（MW）、飞轮（RW）、控制力矩陀螺（CMG）、太阳帆板驱动机构（SADA）、红外地平仪（IRHS）等作为空间飞行器广泛使用的机电产品，由于目前无法实现在轨维修，可靠性显得尤为重要。同时，空间机电产品涉及机、电、力、热等多项技术，受限于产品成本、子样数量、考核周期等因素，一直以来，产品可靠性设计、分析和评估是工程界的一个难题。

可靠性的概念最早源于美国国家航空咨询委员会，逐渐从电子、航天、核能等领域拓展到机械、化工、动力等社会各个方面。随着概率论、数理统计、随机过程等数学方法的发展，可靠性基础理论、工程方法的研究逐渐深入，形成了故障模式及其影响分析（FMEA）、故障树分析（FTA）等分析方法，开发了加速寿命试验、快速筛选试验等更有效的试验方法，以及蒙特卡洛等可靠性预计方法。随着产品组成复杂度的提高、技术的进步和需求的增多，可靠性技术依然是工程界重要研究内容之一。

北京控制工程研究所从 20 世纪 60 年代在陆元九院士等老一辈航天人的带领下开始陀螺仪的研制，随后又陆续开展飞轮、控制力矩陀螺、太阳帆板驱动机构等空间机电产品的研制。通过几十年的型号任务牵引，研究所在空间机电产品可靠性设计、分析、评估方面开展了大量的地面试验，进行了一系列的工程探索，解决了空间机电产品可靠性设计和评估的难题，取得了一批优异成果。

本书结合产品实例总结了作者及其同事的长期经验，对工程实践具有一定的指导意义，希望本书对产品可靠性设计和评估工作有所裨益，进一步推动产品可靠性工作的发展。

袁 利

北京控制工程研究所所长

2017 年 12 月

目　录

第 1 章　绪 论

1.1　空间精密仪器仪表（SAI）及其可靠性

自从 20 世纪 50 年代至今，人类在探索地球外空间的宏伟事业中，已经取得了数不清的成就和划时代的进展。例如对地球表面的探测、对月球的探测、对太阳系行星的探测以及对小行星和彗星的探测等，目前人类已经把目光投向太阳系之外星系的探测和寻找类地球行星及与人类相似生命的探测等。这些令人瞩目的成就大大开拓了人类文明的境界，为人类的发展注入了活力。在这些林林总总的探索活动中，各种各样的空间飞行器以其令人刮目的神奇能力显现出不可思议的技术表现，它们可以精确地沿空间预定轨道飞行，可以准确无误地对需要探测的目标天体及天体表面定位，这些神奇能力对于一般人来说不可思议，但为制造这些飞行器而工作的空间科学家和工程师都非常清楚地知道：是各种精密的空间仪器仪表控制着飞行器的任何一种行为表现。

装备精密仪器仪表的空间飞行器，除了要求仪器仪表本身的精确性及精密制造之外，它们还必须非常"可靠"，因为任何一次空间探测飞行任务都会引起地球上无数人的瞩目，并且寄托着人类对它成功的期盼。

本书将空间精密仪器仪表的可靠性作为主题，一个目的是加强仪器仪表研制者对产品可靠性工作的认知能力，另一个目的是期望将航天产品的可靠性工程理念以可实施性为目标，深入到产品制造者的脑海。

为叙述简便，本书在其后面的内容中，用"空间精密仪器仪表"的英文缩写 SAI（Space Accurate Instrument）代替其中文的表达。

本书将以四种 SAI 产品作为论述背景，以便于读者理解。为了使读者建立起基本的物理模型概念，现对这四种产品在一个飞行器上如何工作以及对它们的要求作一简介。

1）陀螺仪（Gyroscope），作为空间飞行器在轨运行姿态角速度的敏感器工作。一般来说，一个典型的空间飞行器需要它在数年乃至数十年的空间探测任务中，以 $10^{-3}°/h$ 的测量精度和 95％以上的可靠度完成任务。

2）动量轮（MW，moment wheel），作为空间飞行器在轨运行姿态角调整的执行机构工作。一般来说，一个典型的空间飞行器需要数个动量轮协同工作，并在数年乃至数十年的空间探测任务中，以 $1×10^{-4}$ N·m 的力矩精度和 95％以上的可靠度完成任务。

3）红外地平仪（IRHS，infrared horizon sensor），作为空间飞行器在绕地球轨道飞行时其姿态相对地平线方位的敏感器工作。一般来说，一个典型的对地观测卫星需要在数年乃至数十年的对地观测任务中，以角度分辨率 2′（弦宽）的测量精度和 95％以上的可靠度完成任务。

4）太阳帆板驱动机构（SADA，solar array drive assembly），作为空间飞行器在空间飞行中，保障飞行器上的太阳能电池阵对准太阳以获取和传输能源的转动执行机构。一般来说，一个典型的驱动机构需要在数年乃至数十年的空间探测任务中，以大于 2 N·m 的驱动力矩和 99% 以上的可靠度完成任务，不可备份，属于单点故障。

图 1-1 所示为在地球卫星上这四种仪器仪表的工作状态。

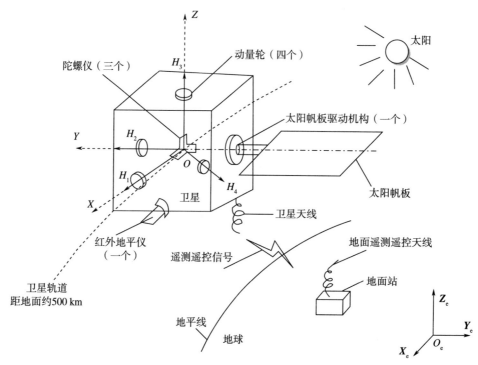

图 1-1　四种 SAI 产品在地球卫星上的工作状态示意图

图中：$OXYZ$ 为卫星坐标系；$O_e X_e Y_e Z_e$ 为地球坐标系

如图 1-1 所示，地球探测卫星要实现其本体坐标系 $OXYZ$，相对于地球坐标系 $O_e X_e Y_e Z_e$ 的俯仰、偏航、滚转运动姿态受到精确控制，才能完成装在卫星上的"有效负载"（例如照相机、雷达天线等）对地面目标的"对准"，从而得到具有精准地理位置的图像或其他信息。在实现这一姿态运动精确控制过程中，陀螺仪、动量轮和红外地平仪随时随地都在工作，从而保证了这一过程可以按照图 1-1 所示地面站的任务指令要求顺利执行，而太阳帆板驱动机构则随时保障卫星中所有设备的能源供给。

从上述飞行器的工作及四种仪器仪表的功能描述可以看到，这四种 SAI 产品的正常工作与否完全决定了卫星对地探测任务的成败。

一颗对地探测卫星的高昂造价和任务的重要性会导致对卫星提出极高的任务可靠性要求，这种要求自然而然地要由上述仪器仪表的高可靠度来保障。如前边所述四种 SAI 产品的任务可靠度都在 95% 以上，这是一个极苛刻的需求，但又是必须满足的需求。

1.2 本书的内容和宗旨

本书的内容是围绕着以理论和知识武装 SAI 产品可靠性工程师这一宗旨进行组织和安排的。产品可靠性工程师在掌握了本书内容之后，可以以正确的理念和方法去实施产品的可靠性保障工作、提高工作质量，并可以以准确无误的产品寿命可靠度数据，去回答飞行器任务管理者任何苛刻的产品寿命可靠性质疑和需求。

本书内容包括以下几个方面：

1）SAI 产品可靠性工程师必须掌握产品各种相关专业技术和知识。

对 SAI 产品可靠性工程进行实施和决策时，如果没有这些相关技术和知识的支撑，将是不可思议和绝对荒谬的。这些技术和知识在 2.3.1 节做一般性的介绍，而且对前面所述四种仪器仪表相关技术的引用将会贯穿全书，并以此来进一步强调在实际工程中对具体某项产品相关技术掌握和应用的必要性。

2）SAI 产品可靠性工程师必须具备扎实的概率理论和统计学理论中与 SAI 产品可靠性工程相关的知识、理念和技能。

面对 SAI 产品生命周期全过程的大量随机现象和大量以数据来表达的产品特性，产品可靠性工程师只有将概率理论和统计学已经发现和提供的认知工具理解好、掌握好、应用好，才能以符合客观规律的数学方法将产品可靠性工程的实施定量化。为了便于理解这部分知识、理念和技能，将以几种 SAI 产品作为物理模型，在本书第 3 章和第 4 章进行阐述。

3）1）和 2）的理论和知识，只是实施产品寿命可靠性工程的必要条件。本书第 5 章叙述了可靠性工程师必须具备的认知能力和方法，第 6 章和第 7 章以作者的经验启发读者如何结合实际情况实现对产品寿命可靠性的预计。

4）SAI 产品可靠性工程师在实施产品可靠性工程方方面面的工作中，要想抓住产品失效产生的物理实质，就必须掌握行之有效的失效分析方法和技术，这部分内容在第 8 章 8.1 节做了详细介绍。而综合利用各种信息快速高效地进行分析与预测工作，全面利用数据资源进行产品可靠性的保障和提高产品可靠性，工程师必须掌握数据库技术，并充分利用此工具为自己服务，在 8.2 节将介绍如何建立产品可靠性工程数据库及其使用。

5）为了使读者对几种最常用的概率和统计方法有深入的理解，在附录 A ~ 附录 D 中特别详尽地对最小二乘法、χ^2 分布、u 分布和贝叶斯公式进行了介绍，以便读者熟练地应用。

6）本书附录 E 和附录 F 给出了红外光谱和 XPS 光电子能谱两种最重要的 SAI 产品失效分析仪器分析结果的判读参考图谱及文件，以便查找。

7）为便于读者了解国际上可靠性工程的发展和现状，本书附录 G 给出了一些最重要的文献参考源。为便于读者阅读国外文献，借鉴有用的研究成果，本书附录 H 给出了最常用的中-英文可靠性专业词汇对照。

1.3　本书内容说明

依据现代制造业已发展的水平，一般按涉及的问题范畴可以将产品可靠性工程分为以下几个专题：

1）可靠性管理；

2）可靠性概率和统计；

3）可靠性设计和开发；

4）可靠性模型和预计；

5）可靠性试验；

6）维修和可用性；

7）数据收集和应用。

作者作为 SAI 产品的长期研制者，在产品的可靠性工程方面取得了许多实践的成功，因而对以上专题有较深入的认知。所以本书的特点是结合几种典型 SAI 产品的工程背景，介绍产品可靠性工程知识，书中论述主线不是按以上专题进行的，而是以实践的认知过程为主线进行的。

鉴于 SAI 产品具有以下明显特征：

1）批量小；

2）更新快；

3）质量可控性强；

4）几乎没有维修问题。

因此，本书内容将不可避免地局限于具有以上特征的产品。

第 2 章　产品可靠性属性和状态空间

2.1　产品可靠性属性

任何一项产品（包括任何一种 SAI 产品），一旦出现在市场上就必定以其固有的六项属性来展现其特性，接受市场竞争规则的考验，服从优胜劣汰、适者生存的法则。这 6 项固有属性是：

1）功能，产品是做什么用的？

2）性能，产品在使用过程中品质如何？

3）环境适应性，产品耐受环境条件的能力和不损害环境的特质。

4）安全性，产品使用时不对人的生命健康及周围产品造成危害，产品本身在使用者正常使用时不被损坏的能力。

5）可靠性，产品在使用的正常时限内能被成功使用的概率。

6）成本，产品购置及使用过程中使用者需要付出的金钱。

本书以产品可靠性为主题，必须认识到它只是产品六项固有属性之一，在任何时候它都不可能独立存在，讨论产品可靠性必须顾及其他五项属性所规定的约束条件。

2.2　产品可靠性属性的表达方法

对产品固有属性全面认知才能有针对性地对可靠性属性开展研究和讨论。本节将对产品六项固有属性的表达和认知作一个讨论，并从中列出产品可靠性表达的特殊性。表2-1给出六项固有属性的表达方法。

表 2-1　产品固有属性的表达方法

序号	属性	表达方式		正确表达的难易度	正确表达的责任人	表达的用途	表达的特点
		定性表达	定量表达				
1	功能	为主	为辅	容易	设计工程师 销售工程师	1）产品分类； 2）产品销售	以文字表达为主要内容
2	性能	为辅	为主	较难	设计工程师	1）在同类产品中以性能表征其品质； 2）与同类产品竞争的依据	以特性数据为表达的主要内容

续表

序号	属性	表达方式		正确表达的难易度	正确表达的责任人	表达的用途	表达的特点
		定性表达	定量表达				
3	环境适应性	为辅	为主	容易	设计工程师 销售工程师	有特殊环境要求时此项内容尤为重要	以对环境影响的数据表达；以对恶劣环境的适应性决定优劣
4	安全性	为主	为辅	容易	设计工程师 销售工程师	1) 对有重大安全隐患的产品，此项非常重要；2) 保证产品被正常应用为前提	高危性产品此项属性最重要
5	可靠性	为辅	为主	非常难	可靠性工程师	只要是重要的、关键的产品，必定有此项表达的要求	产品的可靠度依据其他五项属性中的最弱项参量进行评定
6	成本	为辅	为主，往往只有此表达方式	较难	专职会计师	1) 它是使用者选择产品的最重要条件之一；2) 对企业生存有重要意义；3) 它是产品可靠性受限的重要因素	可靠度的高低会大幅度影响产品成本

综合分析表 2-1 的内容，我们可以归纳出以下认知：

1) 产品的六项属性都必须依据各自的特点由表达责任人给出正确的表达；

2) 产品可靠性属性只有依据其他五项固有属性的正确表达，结合产品被飞行器任务应用的真实需求，找出其中的最弱项参量，才能实施可靠性属性表达；

3) 飞行器任务中重要和关键产品必须要给出其定量的可靠度数据；

4) 产品可靠性属性的表达是非常困难的，这不仅因为该属性需要对其他五项属性有深刻的认知才能进行，而且还要对产品将要服务的飞行器及其任务全貌技术状态有足够的认知能力。

2.3　产品可靠性正确表达的主观和客观条件

2.3.1　SAI 产品可靠性工程师必备的知识背景

图 2-1 是基于 SAI 产品技术特点，对可靠性工程师必备的知识背景结构所作的一个表述。

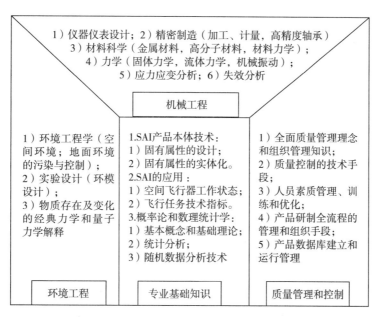

图 2-1　SAI 产品可靠性工程师必备的知识背景

　　如图 2-1 所述，SAI 产品可靠性工程师的知识背景表达成两大部分，第一大部分是专业基础知识，它所涉及的三项基本内容是不可或缺的，是可靠性工程师的看家本领，而第二大部分包括机械工程、环境工程、质量管理和控制等三方面内容，SAI 产品可靠性工程师对第二大部分要有足够的认知能力，以便更好地与具有这部分知识的专业人员协同工作，解决各种可靠性工程实施过程中遇到的具体专业技术问题。

　　如果 SAI 产品可靠性工程师的知识储备达不到上述要求，那么，其工作将会非常茫然和被动，当然也不可能完成对产品可靠性的正确表达。

　　一般来说，能胜任产品可靠性工程师这个岗位的人员，要求具有长期从事 SAI 研制的工作经验。例如，美国质量协会要求，凡是想通过参加考试获得可靠性工程师证书的人员，必须具备 8 年以上的产品实践经历。

　　一个产品可靠度的数据表达应能经得起各类专家的审查和肯定，这些专家包括企业管理决策者，产品设计、生产工程师及产品销售工程师，还应经得起用户苛刻的与利益相关的深入追究。当然，更重要的是可靠性表达结果要经得起飞行器应用任务的考验。更进一步说，它的表现应该能够为企业创造利润，为产品的市场占有创造出光明的前途。

2.3.2　产品状态空间的六项要素

　　本书定义产品的状态空间，并将其视为产品可靠性工程实体工作的主要内容和概率理论和统计学研究、讨论产品可靠性工程的前提条件。

　　一个具有确定固有属性的 SAI 产品，其产品总体（包括已被应用过的、正在制造的，也包括将要制造的该产品的全体）的形成是在一个状态空间约束下实现的，该总体的任何一个个体的固有属性以随机现象为特点表现出来，并由大量随机数据来表达。全体个体的随机数据所构成的对总体固有属性的表达，按照统计学的数据处理手段必定会使之呈现出一个确定的数据分布规律，这个分布规律将由一个具有恒定参量的分布函数唯一地呈现。这一段所说的含义，在本书后几章会清晰地展现给读者，首先把这里定义出的状态空间作一个具体化介绍。

任何一种 SAI 都会有独特的状态空间，约束其达到必要的固有属性。但任何独特的状态空间必定由以下六要素构成。

（1）产品设计状态

SAI 产品必定是在某些设计技术的理念指导下完成其方案设计，并为生成产品实体确定一系列技术手段，其对产品固有属性具有最原始的约束作用。

（2）产品加工工艺状态

在产品实体形成过程中其零部件加工的真实工艺状态是决定产品固有属性的基础。

（3）产品的装配状态

产品的装配状态是产品实体形成并表现出产品固有属性最为关键的状态空间要素，在此要素实施过程中处于关键地位的专职技术工人和工艺人员、专有的工夹量具、专有的检测试验装置、特定的工作环境保障，以及力求准确无误的过程控制技术文件，将是产品固有属性的随机特性具备确定统计学特征的保障。

（4）产品验收状态

产品的验收具有证明其每个实体个体均达到了被产品设计师、产品可靠性工程师、产品质量管理人员共同认可的，且能证明产品具备了固有属性的一系列应用状态工作的实测数据。这些数据符合其允许的变动范围，将是约束每个实体个体可以进入浴盆曲线（关于浴盆曲线将在 4.2.6 节详细讨论）所描述的产品应用生命期的"通行证"，验收状态由实测中试验人员、产品可靠性工程师、验收过程控制文件以及验收设备所组成。产品验收状态决定了产品总体的纯洁性。

（5）产品的传递状态

产品从生产者手中到应用者手中，将会经历诸如包装、运输、贮存直到被安装到飞行器上为止的一系列传递状态，传递状态不应对产品固有属性产生任何损害。正确的传递过程是由人员、设备、工具等因素保障的，这些因素由各种相关文件及其执行过程控制到期望的状态，是每个个体产品保有其属于"总体"一员身份的必要约束条件。

（6）产品应用状态

SAI 产品的应用全过程将经历飞行器的各种地面试验、火箭发射、进入运行轨道，以及飞行器姿轨控制系统需求的各种工作模式和环境条件的变化，在此应用过程中不应发生产品不应经历的、会引起产品实质性损坏的现象，例如飞行器温控系统设计不周造成的 SAI 产品在过低温下运行，火箭发射中因 SAI 产品安装结构的谐振特性设计不当，造成的 SAI 产品经受过应力或过应变，还比如偏置状态下动量轮正常工作但强行要求它工作在一种转速过零状态等。应用状态失控造成 SAI 产品故障或失效时，该产品的可靠性表现不应被认为破坏了"总体"可靠性的表达。

2.3.3　实施全面质量管理

除了采用技术手段去落实六要素的实施约束产品状态空间之外，还需要现代管理科学提供的全面质量管理，行之有效的制度手段和人的因素保障手段。如果没有制度的保证和有能力、负责任的人去监督技术手段的实施，事情将会变得混乱和虚假，实现具有确定固有属性的产品将会变成一句空话。

全面质量管理工作不是本书要讨论的主要内容，作为 SAI 产品可靠性工程师，在配合实施全面质量管理人员工作过程中，必须坚持以下立场：

1）自觉地将自己掌握的技术文件纳入质量管理体系，并配合管理人员按规章行事，在本书第 8 章提及的建立产品可靠性工程数据库工作，最好也纳入质量管理部门的监管之下。

2）但凡涉及到人员的管理工作，应主动配合质量管理部门，使之能够对各类人员技术能力和素质进行有效的管理，并使之对各类人员进行适当的技术培训和考核。

3）状态空间各要素的约束将涉及大量专用设备、工装、检测仪器及外协事务，产品可靠性工程师应是管理部门的技术顾问角色，而且应当是一个积极的咨询人员。

第3章　SAI产品可靠性工程相关的概率理论基础知识

本章将对与 SAI 产品特征强相关的、作为产品可靠性工程数学语言的概率理论基础知识作一介绍。

3.1　概率理论基础知识

要定量地研究 SAI 产品可靠性问题，概率理论这种数学工具有不可替代的功能。概率理论从最初吸引人们的博弈行为需求到现代社会的方方面面的需求，直到目前近代量子力学为人类展示自然界最基本定理的表达的需求方面，这种数学工具帮助人类的认知能力达到了一个个崭新的高度，可以说如果不借助于这种理论，人类就无法解释某些最根本的物理现象。产品可靠性工程自 20 世纪 50 年代蓬勃发展以来，概率理论提供的理念和认知方法，在定量地表达随机变量的功能方面起到了不可替代的作用。

对于 SAI 产品可靠性工程师而言，如果不能正确理解概率理论中一些最基础知识所表达的概念，不严格地以这些概念以及基于这些概念所建立起来的基本定律来进行工程实践中现象的分析、数据的处理，其工作就会寸步难行。

3.2　概率理论涉及的两种人类认知理念

时空观是人类面对自然界现象时分析、处理问题的基本思维方式，任何事物存在于一个局限的空间范畴，同时又随着时间的推移发生着变异。概率理论相对时空观有两种数学认知表达方法。

（1）频率法

频率法符合人类认知事物的这样一种理念：即掌握的事实越多，就越有可能认知事物的本质。频率法在概率理论中的表达就是大数定理。

（2）时域法

时域法符合人类认知事物的另一种理念：即掌握了事物最新表现出来的事实，就有助于修正原有的认知结论。时域法在概率理论中的表达就是贝叶斯公式。

以上两种认知理念和概率理论的数学表达一定要牢记于心，因为在可靠性工程大量事实和数据的处理中会用到许多统计方法，这两种理念可使人们不致迷失方向，避免出现思维混乱。

3.2.1　基于频率法的概率理论基础知识

为了用频率法进行数学表达，概率理论给出了以下名词定义和概率定量化公式。

（1）总体（population）

结合某一具有确切固有属性定义的 SAI 产品，概率理论定义的该产品的总体是指以状态空间约束的个体产品的全部。在这里要强调的是这个状态空间必须被理解为没有时间的先后，而且一定要理解为六项要素全部被界定的客观存在的全部个体产品。

（2）个体取样和样本（sample）

结合某一种 SAI 产品总体而言，概率理论定义的个体就是所界定的处于同一状态空间个体产品的任意多个个体，它可以是一个个体，也可以以取样的动词概念指取一个或数个个体组成的所谓"样本"。

（3）事件（events）

在 SAI 产品可靠性工程中，概率理论所定义的事件主要是产品发生的成功或失效这种确定无疑的事实。

（4）随机事件（random events）

在 SAI 产品可靠性工程中，就是指产品个体所呈现出的成功或失效这种事实发生的不确定性。

（5）随机事件概率（random events probability）

一种 SAI 产品总体中的任一个体，在应用中表现出成功或失效这一事实是一个随机事件，在产品可靠性工程中处理具体工程问题时，还要回答此随机事件在应用中以多大的可能性发生，这种可能性就用随机事件概率来进行定量表达。

定量表达随机事件发生的可能性是人类文明发展史上一个永恒的追求，这种表达就目前人类文明发展水平而言，是通过人们掌握的以下三个方面的能力来实现的。

1）现代数学方法提供的概率理论和统计学理论；

2）产品的技术知识背景（如图 2-1 所示）；

3）产品成功或失效这一随机事件概率还取决于该产品可靠性工程师个人的智慧能力。

（6）大数定理（law of large numbers）

大数定理是概率理论用频率法回答随机事件概率时所依据的最基本理念，它的数学表达有许多[1-4]，这里不讨论这些表达的具体方式，只从 SAI 产品可靠性工程的实用主义立场，将该定理两个基本表达列出。

1）用简单的百分比数值来表达。用 P 表示 SAI 产品"成功"这一随机事件的概率值，可写成如下数学公式

$$P[\text{产品应用中"成功"事件发生的个体数目占被应用总产品数目的百分比}] = \frac{n_i}{n_0}(\%)$$

$$(3-1)$$

式中　n_i——应用中成功事件发生的个体数目；

　　　n_0——被应用总产品数目。

2）式（3-1）中被应用总产品数目越接近该产品全部可能被应用的总体数目，其计算结果将越接近全部可能被应用的总体数目真正被应用后才能计算出来的该产品应用成功的概率真值。

3.2.2　基于时域法的概率理论基础知识

为了使产品某一次新的应用可能成功或失效的概率更接近产品总体那个尚不可知的"真值"，人们理所当然地希望利用已有的最新应用结果去修正此前使用的那个人为认可的概率值，显然，这种认知方法的正确性可以当做人类认知能力智慧所认可的公理来使用。以概率理论从数学上进行这种公理的表达介绍一些必需的基础知识。

（1）先验概率（prior probability）

先验概率是人们在应用某一产品之前，从先前的经验（当然，严格地说应是先前数据分析的结果）分析产品成功（或失效）的概率数据。

我们用符号 $P(A)$ 表示先验概率，A 为产品成功（这里我们以成功事件发生为例）；$P(A)$ 为产品在最近一次应用前已知的本身成功事件发生的概率，即先验概率。

（2）后验概率

后验概率是人们对该产品最近一次使用后，根据使用结果对先验概率进行修正获得的产品成功发生概率的新认知结果。例如，这次使用成功了肯定会对产品成功概率有一个提升的新认知，反之将会下降。这种新认知对产品使用者来说可以作为是否继续采购该产品的依据，而对产品生产者来说该新认知将是其是否需要对产品状态空间进行某种修正的依据。

我们用符号 $P(A/B)$ 表示后验概率，A/B 为产品最新一次被应用并获得成功后，对产品本身成功概率的新认知；$P(A/B)$ 为产品最新一次应用成功后，对产品本身成功概率的新认知数据结果。

（3）先验概率的全概率条件

作为对事件（成功或失效）全面认知的程度，以便以最近一次应用结果对原先验概率进行准确的修正，就必须知道原先验概率的反事件发生的概率，即 $P(\overline{A})$，按全概率事件的条件必定有

$$P(A) + P(\overline{A}) = 1$$

（4）应用成功及失效概率的认定

一个 SAI 产品被应用到某一系统中去（注意：在这里我们引入了系统这一概念，SAI 产品应用的常态是作为某一系统中数个 SAI 产品或其他类型部件之一同时被应用），其本身成功或失效的概率对系统成功或失效的影响，是产品本身先验概率的次生认知。该次生认知在产品应用之前是已知的（它们是系统工程师通过系统可靠性预计出来的），它们分别表示为：

$P(B/A)$：某 SAI 产品本身先验成功概率发生时系统获得成功的概率；

$P(B/\overline{A})$：该 SAI 产品本身先验失效概率发生时系统获得成功的概率。

（5）贝叶斯公式

早在 18 世纪，贝叶斯就给出了人们依照最新发生的经验对原有认知进行修正的一种数学表达。在前边（1）～（4）中给出了这种表达必需的数学符号，下式就是这种以时域概念进行概率推演的贝叶斯公式

$$P(A/B) = \frac{P(B/A) \cdot P(A)}{P(B/A) \cdot P(A) + P(B/\overline{A}) \cdot P(\overline{A})} \qquad (3-2)$$

本书附录 D 给出一个对贝叶斯公式理念的举例说明，5.9 节将以一个应用实例阐述一些应用中的概念。

第4章 SAI 产品可靠性工程相关的数理统计理论基础知识

数理统计是以概率论为理论基础，依照客观数据寻求事物客观规律的理论和方法。从大量反映事实的数据求取答案的数学理论就是数理统计，由于目前数理统计理论发展迅速、应用极为广泛，本书只对 SAI 产品可靠性工程涉及的一些基础知识做出介绍。

4.1 数据

世界已经进入到大数据时代，社会科学、自然科学及技术科学的发展，已使人类从客观世界获取感知的能力提高到了一个前所未有的水平，这个水平使人们在作出自己的认知决断、从而使自己的行动更容易达到期望的目标时，能够从大量感知的、反映事实的数据中求取答案。

4.1.1 数据的全面性和真实性保障

数理统计理论和应用面对的是数据，而数据就是能够反映在概率理论基础中谈到的随机事件发生与否的某随机变量的数字表达。数理统计学实际就是指导人们通过对数据的正确采集、理智的综合分析，在概率理论的指导下，给出随机事件一个以概率来表达的、简单而清晰的、能为人们感性所接受的结果，这个结果将作为人们决策并指导行动的依据。

全面性和真实性是数据被分析前必须被认可的两项属性。如果人们采集的数据不全面，根据大数定理所阐述的理念，分析结果将会失去逻辑上的合理性，荒谬的结果如果得不到人们在技术知识层面和智慧层面的纠正，将会导致错误的行动。

对于 SAI 产品而言，数据的全面性必然会受到产品批量小、更新快这种特征不可回避的挑战。但其状态空间可控性好，可以以足够的成本保障其状态空间确实实现了全面质量管理，从而可以启用极大似然法这种统计手段和理论推导，来保障产品随机数据具备准全面性的要求。关于极大似然法将在后面章节详细讨论。

对于 SAI 产品数据的真实性，是要由如前 2.3.2 节所述产品总体的状态空间六要素来保障的。表 4-1 给出与这六要素相关的具体实施方法。

表 4-1 SAI 产品总体状态空间六要素的实施方法

序号	要素名称	要素的工程实施内容	保障方法	备注
1	设计状态	1）产品图纸； 2）交付实施的技术文件	图纸、文件修改是难免的，但不允许发生质的变化	向好的质的变化也是不允许的

续表

序号	要素名称	要素的工程实施内容	保障方法	备注
2	加工工艺状态	1)关键的设备； 2)工艺设计； 3)技术成熟的加工者； 4)验收合格的准则	1)任何变动都不允许使产品发生质的变化； 2)应以文件形式约束实施内容	向好的措施变化是允许的； 外协加工也要实施相同的内容
3	产品装配	1)技术成熟的装配者； 2)合格的装配环境(温度、湿度、洁净度等)； 3)常用的设备和工具； 4)常用的检验判据	1)任何变动都不允许使产品发生质的变化； 2)应以文件形式约束实施内容	向好的措施变化是允许的； 一般不允许外协完成
4	验收	1)有资质的验收单位； 2)正确、有效的验收合格认定细则及具备产品可靠性工程师资质的验收人员； 3)验收设备合乎验收合格认定细则的规定	1)质量管理部门的监管； 2)产品可靠性工程师资质的专业人员参与	向好的措施变化是允许的； 产品可靠性工程师资质人员的参与是不可或缺的
5	传递	1)合格的包装器物； 2)合格的贮存环境； 3)正确的运输过程控制； 4)产品可靠性工程师对传递过程设计的认可	1)质量管理部门的监管； 2)产品生产管理者,产品运输、贮藏的承办者,产品接受者三方参与传递规则制定； 3)产品可靠性工程师资质专业人员的知情和认可	向好的措施变化是允许的； 质量管理部门的监管应以出现在现场的形式实施
6	使用	1)产品使用者编写使用过程全程工作陈述及技术状况文件(产品使用文件)； 2)产品使用文件要经过产品可靠性工程师修改定稿形成执行文件； 3)使用过程全程应包括产品装入飞行器—全部飞行器试验—飞行器发射场—飞行器发射—飞行器入轨—飞行器应用产品的各种工作模式—产品失效准则的执行； 4)产品使用过程中监控监测数据的采集、处理和分析	1)产品使用者应被告知(由产品可靠性工程师完成告知任务)产品使用中的安全性、耐环境性及其他相关各项属性(见 2.1 节内容)； 2)使用者应有使用过程中产品表现数据的采集和跟踪技术手段	产品使用者应及时向产品可靠性工程师反馈使用中产品表现数据及其他信息； 使用中任何明显质的变化应与产品可靠性工程师协商解决

注:① 什么是"质"的变化? 质的变化就是实施内容的改变致使产品固有属性(产品六项固有属性)发生了变化,该产品已不属于原有总体中的个体。

② 什么是"向好的措施变化"? 实施内容的改变仅导致产品固有属性中成本的降低或其他性能的提高。

总之,反映某种 SAI 产品总体统计学特性的数据载体（任一 SAI 产品个体）,必须保证是属于该总体中的一员,这一概念非常重要。因为 SAI 产品的研制者们往往将数据来源扩大到所有这种产品,比如说尚不成熟的或没有经历早期淘汰的产品、或者已处于使用寿命超期服役的产品,这一点还要在后边的浴盆曲线一节中讨论。

至于数据在物理概念上的真实性本书不赘述,认可进行这项工作的人员素质和设备,虽有某种随机因素,但不会存在错误（这种错误应由产品可靠性工程师进行筛除）。

4.1.2 数据的获得方法

反映 SAI 产品成功或失效的具有确切物理含义的产品参数数值（后边叙述中都将称之为数据，但这只是为了迎合工程技术工作的习惯）是 SAI 产品可靠性研究的第一手资料，如何实施对这些数据的采集整理和分析，求得产品成功或失效发生的概率是一项艰巨的工作，如果把这项工作比喻成"耕作"，而将产品成功或失效发生的概率比喻成"果实"，是再恰当不过的了。

（1）时间序列随机数据的采集和整理

可以以强相关性反映产品成功或失效结果的产品某项参数数值一定属于产品六项固有属性表达（一般都是主要参数，这一点是由产品可靠性工程师结合使用需求分析确定的）。这项参数在产品的使用时间延续中将会以一定的趋势（一般都是向差的趋势，这一点是由 SAI 产品的工作原理确定的物理过程决定的）发生变化，而且这种变化趋势还会伴随着某种波动和噪声（这也都是由 SAI 产品及其使用的客观环境决定的）。如果要以时间坐标来采集这项参数数据的数值变化过程，产品可靠性工程师首先必须制定一个严密的、正确的时间序列随机数据采集文件，该文件还应该是可被产品使用和过程跟踪者接受的，这一工作将在第 6 章和第 7 章以实例来进一步说明。

（2）时间序列随机数据的函数表达

SAI 产品总体中每个个体反映最终应用成功或失效的属性参数，在应用过程中随时间推移所采集的参数数据值，会以一种时间序列随机数据的形式出现。按照该个体应用过程的推移，参数数据值会有明显的连续变化趋势，这种趋势可以被表达为一个单值的时间函数，该函数一定会反映出产品成功或失效发生时的时间值，此时间值就是该个体提供的样本数据。根据采集者选择的个体样本数，就可以得到反映该种产品总体成功或失效统计规律的一个样本表达，从此样本表达按统计学的计算方法，可以推导出总体成功或失效的一个可靠度预计结果。

（3）时间序列随机数据函数求取方法——最小二乘法

适合在 SAI 产品可靠性工程中，将产品属性参数的时间序列随机数据表达为一个函数关系的最好方法就是最小二乘法。下面以一个工程实例，来说明应用此方法的合理性及具体过程。

陀螺仪表是一种典型的 SAI 产品。在以高速刚度转子为特征的机械式陀螺仪中，其寿命可靠度主要归结为对产品中一个高速滚动轴承支承的刚性转子本身寿命可靠度的评定，该高速（一般转速可达 3 万转/分钟）转子滚动轴承失效的基本属性参数可选为它的滑行时间（转速从 3 万转/分钟开始切断电机电源，令其转子转速自行下降达到零转速的时间间隔），选这个参数的原因是它最直接和最简单，因为它最能真切反映该轴承摩擦力矩的变化。当该摩擦力矩数值达到一个临界值时，高速转子驱动电机所能提供的驱动力矩，不足以克服此临界值摩擦力矩，高速转子转速就不可能维持在正常功能所必需的 3 万转/分钟的转速，这时产品必定无疑地"失效"了。

　　滑行时间可以随寿命试验时间推移确定一个采样时间间隔，随着试验时间的推移，将获得该滑行时间数据一个时间序列的表达，该时间序列数据值随时间推移的变化趋势必定是减小，并且是一个连续减小的过程，此过程的数学表达可写成如下形式

$$y(t) = a \cdot e^{bt} \qquad\qquad (4-1)$$

式中　$y(t)$——滑行时间是一个时间序列随机数据，s；

　　　　a——滑行时间变化趋势程度加权，无量纲；

　　　　b——滑行时间变化趋势强度，无量纲；

　　　　t——时间序列的连续时间推移过程，s。

　　选择此函数 e^{bt} 形式，是产品可靠性工程师对变化过程的主观判断，认为指数函数表达为佳。这一点可以从图 4-1 坐标曲线明显看出，产品可靠性工程师实测的滑行时间、寿命延续时间分别以纵坐标和横坐标来定量描述。

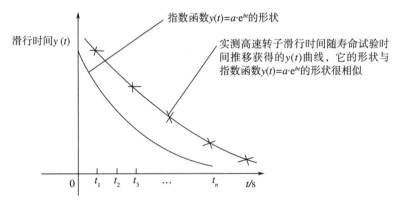

图 4-1　指数函数的特性曲线

　　如图 4-1 所示，我们可以将指数函数 $y(t) = a \cdot e^{bt}$ 的两个参数 a 和 b 进行合理选择，就一定可以模拟出最接近实测的 $y(t)$ 变化趋势。使用微软公司提供的计算机软件包 Microsoft excel 中最小二乘法程序，可以很方便地求得 a 和 b 这两个参数。为了使读者对最小二乘法在工程上应用有一个更深入的认知，在附录 A 中以一个清晰的数学推导来介绍此方法。

4.2　统计分布及其应用

　　统计学发展到如今时代，为了实际应用与科学研究，统计学家们提供了大量可适用于对各类实测或虚拟数据进行理性描述和表达的数学模型——在统计学中称之为分布。

　　对于 SAI 产品可靠性工程而言，我们列出如下几种分布，并对它们做一个适于应用的介绍：

　　1）正态分布（normal Distribution）；

　　2）指数分布（exponent Distribution）；

　　3）χ^2 分布（chi-squared Distribution）；

4）u 分布；

5）威布尔分布（weibul Distribution）。

另外基于 SAI 产品可靠性工程的需要，本节将 SAI 产品全寿命期间其成功或失效数据统计分布的规律性表达——浴盆曲线特别予以介绍，以便强制性地加以应用。

4.2.1　正态分布

正态分布在 SAI 产品可靠性工程实践中有广泛的应用，这些应用主要集中在产品状态空间的保障工作中，不管是执行者还是管理者，当他们需要对自己的工作进行一个定量表达时，最有力的数学表达工具之一就是用正态分布的参数。当然，这其中的数据表达方法还有许多，例如二项式分布，t 分布等[2]，但正态分布无疑是最常用的。

正态分布可以精确地描述许多自然规律。早在 1809 年，这一分布的数学表达就被著名数学家高斯（Johann Carl Friedrich Gauss, 1777—1855 年）提出来了。200 年来，人类应用这种表达方法获得了无法估量的对自然规律的认知成果。

正态分布可以描述的随机变量具有如下感性的特点：

1）该随机变量的固有特性是由大量相互独立、且各自影响程度不分主次的因素共同决定的。SAI 产品某一零件的重要尺寸数据、某一性能参数的测量数据、重要的产品状态数据等，基本上都可以用正态分布规律来精确表达。

2）该随机变量的固有特性只需要用两个参数就可以确定，它们分别是：

均值（μ_0）

$$\mu_0 = \lim_{n \to \infty} \frac{1}{n} \sum_{i=1}^{n} A_i \qquad (4-2)$$

式中　n——随机变量全部数据数目；

　　A_i——随机变量 A 的一个数据。

方差（σ_0）

$$\sigma_0 = \lim_{n \to \infty} \sqrt{\frac{1}{n-1} \sum_{i=1}^{n} (A_i - \mu_0)^2} \qquad (4-3)$$

3）该随机变量任一个数据值 A_i，在全部数据总量中出现的概率值为

$$p_{(A_i)} = \frac{1}{\sqrt{2\pi} \cdot \sigma_0} e^{-\frac{(A_i - \mu_0)^2}{2\sigma_0^2}} \qquad (4-4)$$

$p_{(A_i)}$ 在统计分布以函数表达时称为该随机变量分布的概率密度函数。

4）该随机变量在全部可能取值的区间的变化趋势以其概率密度函数描述为如图4-2所示曲线状态。

图 4-2 中 a 代表某一 A_i 的数值；b 代表另一 A_i 的数值。

A_i 取值在 $a \sim b$ 之间所有数值的概率可计算出为

$$P(a < A_i < b) = \frac{1}{\sqrt{2\pi} \cdot \sigma_0} \int_a^b e^{-\frac{(A_i - \mu_0)^2}{2\sigma_0}} \cdot dA_i \qquad (4-4)$$

5）该随机变量 A_i 出现在均值 μ_0 的概率最大

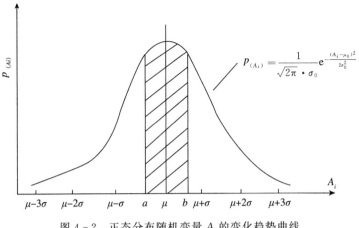

图 4-2　正态分布随机变量 A 的变化趋势曲线

（其函数式即随机变量 A 的概率密度函数 $p_{(A_i)}$）

$$P(A_i = \mu_0) = \frac{1}{\sqrt{2\pi} \cdot \sigma_0} \qquad\qquad (4-5)$$

6）该随机变量 A_i 在其均值两侧变化趋势完全对称，即

$$p(\mu_0 - \widetilde{A}) = p(\mu_0 + \widetilde{A}) \qquad\qquad (4-6)$$

7）该随机变量 A_i 的分布参数均值 μ_0，决定了分布曲线在 A_i 可能取值横坐标上的位置。

8）该随机变量 A_i 的分布参数方差 σ_0，决定了分布曲线形状的"高矮"和"胖瘦"，如图 4-3 所示。这种形状的差异直接反映随机变量 A_i 的离散程度和均值概率的大小。

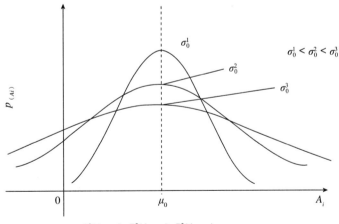

图 4-3　不同参数下的正态分布曲线

9）该随机变量 A_i 分布具有如下统计规律：

随机变量 A_i 分布在 $\mu_0 - \sigma_0 \sim \mu_0 + \sigma_0$ 之间的概率为

$$P_{(\mu_0 - \sigma_0 < A_i < \mu_0 + \sigma_0)} = \frac{1}{\sqrt{2\pi} \cdot \sigma_0} \int_{\mu_0 - \sigma_0}^{\mu_0 + \sigma_0} e^{-\frac{(A_0 - \mu_0)^2}{2\sigma_0}} dA_i = 68.3\% \qquad (4-7)$$

随机变量 A_i 分布在 $\mu_0 - 2\sigma_0 \sim \mu_0 + 2\sigma_0$ 之间的概率为

$$p_{(\mu_0 - 2\sigma_0 < A_i < \mu_0 + 2\sigma_0)} = 95.4\% \qquad (4-8)$$

随机变量 A_i 分布在 $\mu_0 - 3\sigma_0 \sim \mu_0 + 3\sigma_0$ 之间的概率为

$$p_{(\mu_0 - 3\sigma_0 < A_i < \mu_0 + 3\sigma_0)} = 99.7\% \qquad (4-9)$$

以上列出的正态分布随机变量所具备的 9 项感性特点的定量化描述，可以在 SAI 产品可靠性研究和应用中，将大量存在的有正态分布规律的随机数据，进行最正确和最精确的认识和表达，从而实现定量的综合分析计算及应用。在 SAI 产品可靠性工程实施过程中（例如，在产品状态空间保障工作中、在产品验收制定合格判据的工作中、在产品应用的各种固有属性的表达中等），熟练地应用正态分布来描述、分析、计算所遇到的具体工程问题，是每一个产品可靠性工程师必须具备的业务能力。

4.2.2　指数分布

指数分布是 SAI 产品寿命（本书从此处开始使用 T_i 代表任一 SAI 产品的寿命数值）可靠性预计唯一现实可用的数学分析工具。处于应用阶段的 SAI 产品寿命数值这一随机变量必须遵从此分布规律，这一点是由 SAI 产品工程的以下特点决定的。

第一，SAI 产品几近完美的质量管理系统，可以保证任意一个投入应用的 SAI 产品，是具备该产品固有属性总体的一个表达。这一点是由产品供求双方的无分歧理念决定的，是由产品状态空间以高成本、高素质专业人才及最现代化的管理体制保障的。

第二，SAI 产品的应用过程，处在产品研制者和应用者双方都认可的寿命分布阶段（这一寿命分布的统计学规律为所谓的浴盆曲线，将在后面做详细介绍），此阶段产品的失效应以一个极低的、不变的常数——失效率表达。

指数分布的随机变量具有以下特点：

1）该随机变量的取值影响因素完全不可知。当然，这一点是以人类现有知识为背景而言的。例如，产品的设计原理存在的未知因素、在产品应用中发生某种不可知的偶然现象、在产品状态空间保障中存在的不可知隐患等。总之，可以说该随机变量直接反映 SAI 产品相关社会和专职人员的整体认知能力的极限。

2）该随机变量的固有属性仅需一个参数就可以确定，即失效率 λ，此值为一个很小的常数。它的物理含义表示为：产品在应用过程中的任一时刻，其单位时间发生失效的产品数目与（此时刻开始时）还能正常工作的产品数目之比值，即

$$\lambda(t) = \frac{t \text{ 时刻开始后一个单位时间段内失效产品数}}{t \text{ 时刻开始时还能正常工作的产品数}}, 1/\text{单位时间} \qquad (4-10)$$

式中　t——产品应用阶段任一时刻；单位时间可以是年、月、日、小时、分等。

3）该随机变量的任一数值 T_i，在全部数据总量中出现的概率值为

$$p_{(T_i)} = \lambda \cdot e^{-\lambda T_i} \qquad (4-11)$$

4）该随机变量在全部可能取值区间的变化趋势，按指数函数 $p_{(T_i)} = \lambda e^{-\lambda T_i}$ 关系变化，

曲线呈单调递减状态，如图 4-4 所示。$p_{(T_i)}$ 称为该随机变量分布的概率密度函数。

5）该随机变量 T_i 存在一个平均值，该平均值在 SAI 产品中代表全部个体寿命的平均，它出现在 $T=T_0 (T_0 = \dfrac{1}{\lambda}$，如图 4-4 所示），由于 SAI 产品没有维修问题（现在空间飞行器中的仪器基本上都是此状态），所以 T_0 称之为产品失效前平均工作时间（MTTF）。

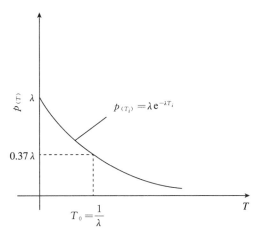

图 4-4　指数分布概率密度函数 $p_{(T)}$ 随寿命时间延续 T 的变化曲线

6）当产品应用时间达到 T_0 时，此产品的失效概率密度函数 $p_{(T_0)} = 0.368\lambda$，从图 4-4 可以看出产品寿命 T_i 分布在大于 T_0 数值的数量少于小于 T_0 值的数量。这一点和前述正态分布随机变量在均值两旁的数量明显较多是不一样的，而这正反映了这样一个真实，即在 SAI 产品总体中，寿命较长的数量占的比例要少于寿命较短的产品数量。

7）SAI 产品寿命数值（随机变量）服从该指数分布的规律，这对于产品生产者和使用者最为关心的产品可靠性的定量表达，可以说是提供了有力工具。前面的式（4-11）所表达的是随机变量 T_i 在产品总体数量中出现的概率密度，可以按照工程物理概念推理出某一产品的寿命 T_i 出现在任意人为选择的预计寿命之前的概率为

$$
\begin{aligned}
P(T_{\text{预计}}) &= \int_0^{T_{\text{预计}}} p(T)\,\mathrm{d}T \\
&= \int_0^{T_{\text{预计}}} \lambda \cdot \mathrm{e}^{-\lambda T}\,\mathrm{d}T \\
&= \lambda \cdot \left[\frac{1}{\lambda} \cdot \mathrm{e}^{-\lambda T} \right]_{T=0}^{T=T_{\text{预计}}} \\
&= 1 - \mathrm{e}^{-\lambda T_{\text{预计}}}
\end{aligned}
\tag{4-12}
$$

那么，继续按照工程物理概念"产品达到某一预计寿命之前和达到预计寿命之后的概率之和应为 1（即 100%）"，推理某一产品的寿命在 $T_{\text{预计}}$ 之后还可以正常工作的概率就应为

$$
R(T_{\text{预计}}) = 1 - P(T_{\text{预计}}) = \mathrm{e}^{-\lambda T_{\text{预计}}}
\tag{4-13}
$$

$R(T_{\text{预计}})$ 就是我们作为产品生产者和产品应用者最关心的产品完成既定任务的可靠度。

　　在此用了 $R(T_{预计})$ 这个符号，并以式（4-13）这个数学公式，以简洁的形式和可计算性，为产品工程技术人员提供了定量分析、计算产品可靠度这个复杂认知的工具。

　　以上列出的指数分布随机变量所具有的七项特点的定量化描述，将是 SAI 产品可靠度实现定量预计的主要数学工具。

4.2.3　χ^2 分布

　　前边提到：在 SAI 产品总体状态空间保障工作中，大量应用正态分布进行定量分析计算。χ^2 分布所描述的是运用正态分布去分析计算时最常用的一种分析计算方法——它可以用于判定某一维持产品总体状态空间的、服从正态分布的某一随机变量，是否偏离了原有的统计规律，如有显著偏离，SAI 产品可靠性工程师就应即时向相关的状态空间六要素提出警示，让执行人员采取必要的技术手段，恢复状态空间的原定状态。

　　统计数学家发现：当一随机变量 A_i 服从一确定参数（μ_0 和 σ_0）正态分布时，则可定义一个统计值

$$\chi^2_{(\nu, A_i)} = \frac{\sum_{i=1}^{\nu}(A_i - \mu_0)^2}{\sigma_0^2} \tag{4-14}$$

　　该统计值 χ^2 会遵从一个称之为 χ^2 分布的统计规律，χ^2 分布的概率密度函数 $p(x^2)$ 可以用图 4-5 所示曲线族及一个函数式表达

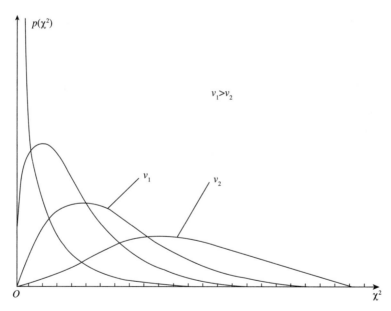

图 4-5　χ^2 分布曲线及其概率密度函数 $p_{(\chi^2)}$

$$p[\chi^2_{(\nu, A_i)}] = \begin{cases} \dfrac{1}{2^{\nu/2} \cdot \tau(\nu/2)} \cdot e^{-\frac{\chi^2}{2}} \cdot (\chi^2)^{(\frac{\nu}{2}-1)} & \text{当 } \chi^2_{(\nu, A_i)} > 0 \text{ 时} \\ 0 & \text{当 } \chi^2_{(\nu, A_i)} \leqslant 0 \text{ 时} \end{cases}$$

注：p 表达式中 $\tau(\upsilon/2)=(\upsilon/2-1)$。

在 SAI 产品可靠性工作的产品总体状态空间保障工作中，许多反映状态空间的数据是服从正态分布的随机变量。在六项状态空间保障因素的实施过程中，难免会发生一些干扰因素，当这些干扰因素强到一定程度时，该因素已不是那种与其他影响因素"不分主次"，其结果必定破坏原分布规律的统计参数 μ_0 或 σ_0。SAI 产品可靠性工程师，要想判断此影响因素是否已达到不可容忍的程度，以至于已经显著地破坏了原有的统计规律，就可以借助 χ^2 分布完成他的分析任务。从式（4-14）定义的统计量的计算式我们很容易发现，如果我们对原认可为正态分布（μ_0，σ_0）的随机数据进行采样，样本数量为 υ，各个体数据为 A_i（假设它仍是原总体中的数据），通过算出的 χ^2 值一定会反映出所取样本偏离原分布（μ_0，σ_0）的"程度"，即：

χ^2 值越大则偏离程度越大；χ^2 值越小则偏离程度越小。

υ 值越大即样本数越多，从图 4-5 可以看出，χ^2 分布的概率密度函数 $p(\chi^2)$ 曲线达到较大值所需 χ^2 值就会越小；υ 值越小，$p(\chi^2)$ 达到较大值所需 χ^2 值就会越大。

综合以上直观感觉归纳起来就是：选取较大样本数量计算 χ^2 值，就可以较小的 χ^2 值判定所取的样本偏离原正态分布的程度。

统计学家为我们提供了鉴别随机变量从原正态分布发生变异的计算工具。为了便于可靠性工程师应用，把定量计算任一样本数 υ 情况下（这要视工程实际的可能性而定），判定该样本以可靠性工程师认可的、以概率值 $\alpha[P(\chi^2>\chi_\alpha^2)=\alpha]$ 偏离了原正态分布，即 $1-\int_0^{\chi_\alpha^2}p(\chi^2)\cdot\mathrm{d}\chi^2=\alpha$，列成表格作为附录 B 收入本书。

在实际工程应用中，SAI 产品可靠性工程师首先应该查明：原产品总体状态空间允许的某一随机变量数据正态分布参数 μ_0 和 σ_0 的数值，然后对状态空间保障实施过程中，若认为应对该随机数据进行检查，来确定有没有在保障实施各因素过程发生了失控，并决定以 υ（例如 20）个样本数据来实施判定，并由自己决定或由相关文件判定决定的失控概率数值 α 作为判据，查如附录 B 所示 χ^2 分布表，看一看在 α 值（例如 0.99）和 υ（例如 20）数值交叉处的 χ_α^2 值（为 8.260）。下一步就是按式（4-14）将 20 个 A_i 值及已知的 μ_0 和 σ_0 带入，算出 $\chi^2_{(\upsilon=20,\ A_i)}$ 的实际数值。如果 $\chi^2_{(\upsilon=20,\ A_i)}<\chi_\alpha^2$（8.260），则该样本以 99% 的概率判定仍然属于原正态分布（μ_0，σ_0）的随机变量总体。可靠性工程师就可以判定自己怀疑的事件——产品状态空间影响因素发生了失控是不正确，因此可以放弃怀疑。

从式（4-14）可以直观地看出：χ^2 分布反映的是样本（υ，A_i）对原有总体（μ_0，σ_0）方差 σ_0 的偏离程度。本书附录 B 给出了利用 χ^2 分布进行统计检验的详细方法和步骤。

4.2.4　u 分布

在 SAI 产品状态空间保障的可靠性工程实施中，除了采用 χ^2 分布可以检验随机变量所遵循的某一正态分布的方差 σ_0 是否发生变异之外，还有一种称之为 u 分布的统计分布，可以用来检验随机变量所遵循的某一正态分布的标准差——均值 μ_0 在该样本上是否发生了变异。

统计变量 u 表达为

$$u = \frac{\overline{A_i} - \mu_0}{\sigma_0} \sqrt{n} \tag{4-15}$$

式中 A_i ——样本值；

n ——样本数；

$\overline{A_i}$ —— n 个子样的均值。

必须注意的是，计算该统计量的前提是：认定样本数值的方差仍属原正态分布，即已通过了 χ^2 检验。

统计学家发现当一随机变量 A_i 服从一定参数（μ_0，σ_0）正态分布时，则式（4-15）定义的统计值 u 服从标准正态分布曲线及相应概率密度函数，如图 4-6 所示

$$p(u) = \frac{1}{\sqrt{2\pi}} e^{-\frac{u^2}{2}} \tag{4-16}$$

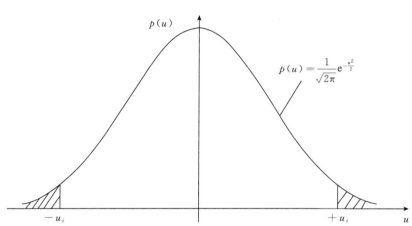

图 4-6　统计变量 u 服从以均值为 0，方差为 1 的正态分布 N（0，1）

本书附录 C 给出了在 SAI 产品可靠性工程实施过程中，利用 u 分布进行统计检验的详细方法和步骤。

4.2.5　威布尔分布

威布尔分布在 SAI 可靠性工程中已很少涉及了，在这里只做一个解释。

威布尔分布表达的是，循环应力致使工业产品（以滚动轴承为最典型的代表）结构材料发生疲劳失效这一物理现象。任一种滚动轴承其产品固有属性，完全是由其产品总体形成的状态空间六要素所赋予的，产品总体疲劳失效寿命这一随机变量的统计特性，用威布尔分布来表达，可以说从感性和理性上为工业界各方专业人士所认可。但是说到 SAI 产品，虽然这类产品依然可以通过滚动轴承的失效反映产品失效的本质，但滚动轴承不再以结构材料的疲劳（更确切地说，指的是轴承工作表面接触处材料在循环应力下的疲劳）来表现轴承某固有特性临界值的超越。大量的工程实践也已证明：在 SAI 产品轴承的固有属

性中，如果某项参数涉及摩擦力矩特性发生了不可容忍的超越。这种摩擦力矩的特性发生的不可容忍的超越与轴承工作表面接触处材料的疲劳可以说是毫不相关的（这一点也已被大量工程实践所证明），而与之相关的是轴承中润滑状态的失常（过润滑、欠润滑、完全失去润滑等），润滑的失常反映到摩擦力矩则是其统计平均值过大、方差过大等。作为以高精度为特点的 SAI 产品，这种动力学特性的变化就足以判定"失效"已经发生了，因为此时以 SAI 产品作为飞行器姿态敏感仪（例如陀螺仪、红外地平仪等）以及作为飞行器姿控执行机构（例如动量轮、控制力矩陀螺、帆板驱动机构等），都超出了飞行器姿控系统对它们提出的测量精度和/或控制精度的最低临界值。

4.2.6　浴盆曲线

　　浴盆曲线可以说是统计学家为产品可靠性工程提供的、带有战略决定性意义的一种用数学抽象概念和定量化相结合表达产品统计学特性的完美方法。当然这种方法早在 17 世纪就由人寿保险业界发现并使用了，目前其应用已推广到对自然界一切具有生命或使用寿命特性事物的真切表达。我们认为，在 SAI 产品可靠性工程中，浴盆曲线对产品生命周期的表达方法，是每个产品可靠性工程师必须牢记于心，并以此作为自己思考问题的背景。

　　图 4 - 7 所示为浴盆曲线一个较详细的图示。

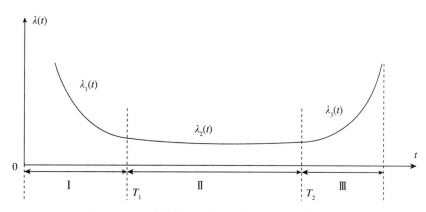

图 4 - 7　浴盆曲线（产品生命期失效率变化曲线）

　　图 4 - 7 中坐标系纵坐标参量 $\lambda(t)$，代表产品失效率随产品生命期推移过程的变化趋势；横坐标参量 t 代表产品生命期的延续过程。

　　横坐标 t 分三段：

　　Ⅰ 段——产品投入应用前的生命期；

　　Ⅱ 段——产品应用生命期；

　　Ⅲ 段——产品超期应用期。

　　横坐标中两参数：

　　T_1——产品开始在系统（SAI 产品在飞行器发射升空开始）中应用的生命期时刻；

　　T_2——产品按照预计寿命工作结束的生命期时刻。

　　纵坐标参量 $\lambda(t)$ 的三段曲线：

$\lambda_1(t)$ ——产品失效率高但迅速下降变化的曲线段；

$\lambda_2(t)$ ——产品失效率 λ 为某一常数维持不变的曲线段；

$\lambda_3(t)$ ——产品失效率为一迅速增大变化的曲线段。

对图 4-7 浴盆曲线要从以下几个方面认知：

第一，它表示的是某一产品总体失效的统计规律，绝不能理解为任一个产品的生命期表达。

第二，它表示的是某一产品总体失效统计参量失效率 $\lambda(t)$ 的变化规律，而且可以理解为：总体中任一个产品在该种产品预计生命期中发生失效的概率变化规律。

第三，产品总体失效统计参量 $\lambda(t)$ 是这样定义的：产品总体全体数量在其生命期任一时刻 t 开始，延续一个单位时间期间内发生失效的个体数与该时刻开始时仍能正常工作的个体数之比。它可以理解为：总体中任一个产品在该种产品预计生命期中任一时刻发生失效的概率。

第四，对于 SAI 产品而言，由于飞行器任务一般都要求其必须具备高可靠的固有属性，因此，其总体失效率 λ 必须是一个恒定的小值，这一要求决定了其总体失效率应该具有浴盆曲线 II 段所表达的统计特性。按照统计学数学推导，该产品总体可靠度的数学表达是式（4-13）给出的产品寿命可靠度指数分布函数式

$$R(T_{预计}) = e^{-\lambda T_{预计}}$$

式中 λ 应为浴盆曲线图 4-7 所示的 $\lambda(t)$，该 $\lambda(t)$ 中的 t 已改为以图 4-7 中 T_1 为起点的 $T_{预计}$ ——产品应用期的预计工作时间。

第五，浴盆曲线所表达的产品生命期还包括 I 段和 III 段，从产品可靠性工程的观念，应该尽量严格地实现对 T_1 点和 T_2 点的管控，T_1 点应该作为产品成熟度的标记，T_1 点在工程中一般可理解为产品鉴定级状态结束，正样产品开始生产的时刻。而 T_2 点一般应由产品的寿命试验进行一个判定。

第六，对于浴盆曲线 I 段和 III 段的认知，统计学也给出了合乎工程现实的理性表达。在 I 段表达了该产品还处于研制阶段，也可以称之为不成熟阶段，随着研制工作的深入，产品状态空间六要素所代表的设计工作、加工工作、产品装配工作、产品的验收工作、产品的传递工作和产品正确使用工作，都达到某个严格可控的程度。在 III 段表达了该产品基于已有的状态空间控制水平，其工作时间已达到了某一确定的极限，已经不可能以一个恒定小的失效率为应用者服务了。

掌握和应用浴盆曲线所展示的自然规律及其数学表达，无疑可以提高 SAI 产品可靠性工程的工作正确性和效率。

4.3 极大似然法

极大似然法这个词所代表的含义恰如其分地表达了这种方法的物理实质。统计学家以此数学表达方法，揭示和解决了可靠性工程中一个大难题——因 SAI 产品具有批量小、更

新快、质量可控性强、没有维修等四个特征，产品总体统计学特性如何表达？产品可靠性工程师，在求取产品总体统计学特性的数学表达中，必须突破前述大数定理的"魔咒"，也就是说，既要得到逼近真实的总体统计学表达，又不能忽视大数定理所表述的自然规律，也就是以少量子样构成的样本也要取得对真实总体特性的表达。下面从物理概念和数学推导上，将极大似然法完成这一几乎不可能的任务的正确性做一个介绍。

首先从物理概念上，表达一下在什么情况下"极大似然"——即以少量子样构成的样本，以极大似然的程度实现样本参量的看似勉强的判断结论，呈现出对总体参量的极大接近（注意，这里的"接近"已不是"似然"这个词的理性表达，而是一个定量表达了）。首先就自然界中一种客观存在的现象，举例说明这种认知方法是可以当做"公理"来接受的。也就是说，自然界一些事物的统计规律因其表达的特殊情况，是可以不完全遵从"少数服从多数"这种认知理念的。比如说，限定总体为一棵苹果树上所有的苹果果实，这一总体既包括这棵树一年所产的成百上千个果实，也包括这棵树上明年后年还没有结出、而将要结出的成千上万个果实，我们的目标是要给出这个总体（成千上万个苹果，它们有已经成熟的和尚未成熟的，也有今后若干年才长成的果实）的甜度。要完成这一目标（实际上这个目标就可在统计学上认为是一种统计参量），任何一个有生活经验的智力水平正常的人，一定会在他们潜意识（实际上是他们大脑中完成的理解判断规律）的作用下认为这很简单："拿这棵树上几个苹果尝一下就能得出基本正确的结论"，显然这绝对是不用论证的"公理"。

将上边讲的例子推广到 SAI 产品总体统计学规律的判定上，在这类产品的质量可控性强这一特点上，就可以实现一个总体让其状态空间六要素都严格被控制，只是每个个体产品就相当于"一棵苹果树上的苹果"那样不就行了吗？只要其状态空间处于可控的稳定状态，其总体中各个体之间的差异就不可能显著，少量个体的表现就一定可以作为总体表现的代表。

数学推导是这样进行的：设总体随机变量 t_i（这里有意采用了代表总体各个个体产品寿命的随机变量 t_i，以便于前后叙述的连贯性）的分布规律符合指数分布的规律，该分布的概率密度函数为

$$p(t_i) = \lambda \cdot e^{-\lambda t_i}$$

设取 n 个子样组成总体的一个样本，并且这个样本肯定是总体的一个极大似然代表（在前面物理概念推论中已经认可），如果将每个个体 t_i 的取值代入上式后相乘就可以得到下式

$$
\begin{aligned}
L &= \prod_{i=1}^{n} p(t_i, \lambda) \\
&= \prod_{i=1}^{n} \lambda e^{-\lambda t_i} \\
&= \lambda^n e^{-\lambda \sum_{i=1}^{n} t_i}
\end{aligned}
\tag{4-17}
$$

此式从物理含义上，可以清晰地表达 n 个子样所组成的样本的全部信息——它是对总体统计特性的一个权威表达，因为 $t_1, t_2, \cdots, t_n$ 是通过试验取得的，而且这些数值

所反映的是 n 个个体携带的统计含义的表达。如果综合起来，通过数学运算将其相乘就必然充分表达了样本对总体的相似性，因而式（4-17）被称作总体的一个似然函数。

显而易见式（4-17）是 λ 的单值函数，而且此 λ 已经由式（4-17）呈现了 L 的极大相似表现，那么由式（4-17）对 λ 求导数并令其为零，此时的 λ 值就是那个隐含在式（4-17）中的决定参数，同时它的值通过计算这个导数为零的简单代数式就可以得到，推导过程如下

令

$$\frac{\mathrm{d}L}{\mathrm{d}\lambda} = 0$$

即

$$\frac{\mathrm{d}}{\mathrm{d}\lambda}(\lambda^n \cdot \mathrm{e}^{-\lambda \sum\limits_{i=1}^{n} T_i}) = 0 \qquad (4-18)$$

为了运算方便，采用与式（4-18）有同等效果的式（4-19）（一个数学游戏而已），即

$$\frac{\mathrm{d}}{\mathrm{d}\lambda}\Big[\ln(\lambda^n \cdot \mathrm{e}^{-\lambda \sum\limits_{i=1}^{n} T_i})\Big] = 0 \qquad (4-19)$$

推导出

$$\frac{\mathrm{d}}{\mathrm{d}\lambda}\Big[n\ln\lambda - \lambda\Big(\frac{1}{n}\sum\limits_{i=1}^{n} T_i\Big) \cdot n\Big] = 0$$

有

$$n\frac{\mathrm{d}}{\mathrm{d}\lambda}\big[\ln\lambda - \lambda\,\overline{T_i}\big] = 0$$

其中

$$\overline{T_i} = \frac{1}{n}\sum\limits_{i=1}^{n} T_i$$

式中　　$\overline{T_i}$ —— T_i 的 n 个子样组成样本的均值。

即

$$\frac{\mathrm{d}}{\mathrm{d}\lambda}(\ln\lambda - \lambda\,\overline{T_i}) = 0$$

即

$$\frac{1}{\lambda} - \overline{T_i} = 0$$

则

$$\lambda = \frac{1}{\overline{T_i}}$$

将 $\overline{T_i} = \frac{1}{n}\sum\limits_{i=1}^{n} T_i$ 代入上式，就有

$$\lambda = \frac{n}{\sum\limits_{i=1}^{n} T_i} \qquad (4-20)$$

式（4-20）简单清晰地表明产品总体寿命这个随机变量，在遵循指数分布的前提下，统计分布参量 λ 的最近似的一个估计值——可以被唯一地计算出来。

4.4　信息集成法

信息集成法同样也是以概率理论为基础，依照事物的客观数据寻求事物客观规律的。如果把确认事物客观规律所需要的信息，按其物理属性的基本要素分成以下三种的话：数据；技术；智慧，那么本章从 4.1 节到 4.3 节所讨论的各种数理统计方法，主要集中在数据和工程技术两种。

然而在实际工程问题面前这还是不够的。例如当一个 SAI 产品被选作某一飞行器姿控系统使用前，需给出该产品最终判定的寿命可靠度数据时，系统总体可靠性工程师往往并不确信该 SAI 产品可靠性工程师提供的产品寿命可靠度数据。从人类的认知能力来说，这种怀疑态度是合理的。但问题是如何用统计数学的方法解决这一疑问，信息集成法就是唯一正确的方法，现解释如下。

在概率理论中有一全概率公式

$$P(A) = P(A/B_1) \cdot P(B_1) + P(A/B_2) \cdot P(B_2) + \cdots + P(A/B_n) \cdot P(B_n)$$

$$(4-21)$$

在可靠性工程中，可以把 A 解释为 SAI 产品被选取作为飞行器姿控系统使用后，需给出的该产品最终判定的其寿命可靠度数据，而 B_1, B_2, $\cdots$, B_n 是系统可靠性工程师可能获得的全部（注意：这个"全部"代表着该工程师的最大可能性，并非一定要追究到使该工程师不能即时做出的判定；当然，这也就意味着这一判定所得到的结论，绝不可能得到 100% 的置信）自认为可以提供该产品最终判定寿命可靠度数据，供其作为参照的认知范围。从式（4-21）的表达而言，可把这一范围用下式定义

$$P(B_1) + P(B_2) + \cdots + P(B_n) = 1 \qquad (4-22)$$

在式（4-22）所代表的全部中，各个个体指的是 SAI 产品可靠性工程师、系统可靠性工程师们自己的各种定性分析——例如，对 SAI 产品可靠性工程师提供的数据置信度的判定及自己认为该产品应用到系统中风险的判定、可供参照的类似飞行器应用该种 SAI 产品经验的判定、一些很有经验的系统工程师定会以自我感觉，或某种别人无法驳斥的理由作出的判定等。而 $P(A/B_1)$, $P(A/B_2)$, $\cdots$, $P(A/B_n)$ 就是各个个体给出的对该 SAI 产品最终寿命可靠度数据值。

最重要的、决定性的理性判定是：系统可靠性工程师对各个个体置信度的人为（这里主要反映的是系统可靠性工程师本人的智慧）判定数值：$P(B_1)$, $P(B_2)$, $\cdots$, $P(B_n)$。我们把以上解释归结为一个计算实例如下。

首先，认定有一台 SAI 产品（例如，用作飞行器姿控系统执行部件的一个动量轮）用于一颗资源卫星。此时姿控系统可靠性工程师获得了以下该动量轮产品用于此项任务的寿命可靠度数据：

1）动量轮产品可靠性工程师提供的数据

$$P(A/B_1)=0.999$$

式中　　B_1——产品可靠性工程师这一个体。

2）系统可靠性工程师自己判定的数据（一般来说，作为此判据的主要参数是动量轮产品可靠性分析报告及其结论）

$$P(A/B_2)=0.990$$

式中　　B_2——系统可靠性工程师这一个体。

3）参照类似飞行器应用该种动量轮的经验数据（例如数年前已发射成功的类似飞行器，并已执行了数年任务）

$$P(A/B_3)=1.00$$

式中　　B_3——系统工程师对类似飞行器应用 SAI 产品经验了解的这一个体。

4）某一权威人士根据对自己掌握的信息或经验（例如，他对该动量轮产品的状态空间各因素很熟悉，而且对某一些难以控制的因素很了解）给出的判定数据

$$P(A/B_4)=0.95$$

式中　　B_4——这一权威人士个体。

其次，也是对系统可靠性工程师智慧的考验数据，该工程师的决定是：

$P(B_1)=0.5$——认为动量轮可靠性工程师可信度及与其他个体相比应占到主要成分；

$P(B_2)=0.1$——认为自己的担心只供参考，没有太大依据；

$P(B_3)=0.3$——认为这种经验对他来说很重要，必须给予一定信任，但终究只是一种经验，不能占主要成分；

$P(B_4)=0.1$——认为该权威个人的判定可以参考，但动量轮生产者的质保系统还是应该遵循的。

最终，系统工程师作为产品应用可靠度数据的责任者，用下式算出（可供计算该飞行器总体可靠度数据）该执行机构产品寿命的可靠度

$$P(A)=0.999\times0.5+0.990\times0.1+1\times0.3+0.95\times0.1=0.993$$

$P(A)=0.993$ 这个数据代表了四方信息的集成，按照概率理论所展示的人类认知公理，用此统计计算方式，代表着人们现有最高水平的认知能力。因此，这个数据应该是可以得到的最好数据。

第5章 SAI产品可靠性工程师实施对产品寿命可靠度预计的过程和方法

5.1 概论

当一项 SAI 产品的可靠性工程师面对该产品一个用户需求给出产品执行某一具体飞行器任务的寿命可靠度数据时，应当首先对该产品应具备的两个条件进行审查，然后按照严谨的方法完成这一工作。

产品可以进行寿命可靠度预计必须具备的两个条件：

1) 该产品总体具备不可改变的固有属性。这里强调的"不可改变"有两重含义，第一是这个"不可改变"带有很强的相对性，即相对固有属性的表达者能力而言，由该表达者认可，别人不能随意解释；第二是这个"不可改变"预示着任何改变都意味着对该产品寿命可靠度的预计失去意义。

2) 该产品总体具备的固有属性只有在一个完全可控的状态空间生成才具备唯一性，其寿命参数所呈现的随机性才可以严格地用具有恒定值参量失效率 λ 的可靠度函数 $R(T_{预计}) = e^{-\lambda T_{预计}}$ ［式（4-13）］来表达。

为了满足上述两个条件，产品可靠性工程师应当严格地实施对产品固有属性和状态空间的认定过程，因此面对一个新的用户需求及产品生成过程中随时都不可避免地受到的大量复杂多变的工程现实因素的影响，这样做是绝对有必要的。

除了上述两项必要条件的工作，本章还给出了实施预计过程的一系列具体方法。

5.2 产品固有属性的审查认定

产品的六项固有属性应视为一个整体，既相互制约又缺一不可。一般来说，当产品进入正样生产之后各种设计文件、规范和技术文件就应该确定下来了。但面对用户，产品可靠性工程师还必须针对性地对六项内容作更具体的审查认定，这项审查认定应达到以下目标：

1) 将全部固有属性的内容归纳成一个该具体用户可以接受的文件，并得到初步认可；

2) 与用户协商（主要从技术角度）确定产品应用中决定其失效的固有属性参量（本章只讨论寿命参量，这也是本书的主题）；

3) 与用户协商确定产品寿命可靠度严格的技术表达文件；

4) 向用户提供产品寿命可靠度验证文件（验证方案及工作陈述）。

完成了上述四项审查认定的内容，产品可靠度工程师就可以进行下一步工作——对向用户提供的批次性产品，进行产品状态空间的认定。

5.3　产品状态空间的认定

由于 SAI 产品有批量小、更新快、质量可控性强等特征，当决定向一个既定新用户提供某批次产品时，对这批产品的状态空间必须进行一个认定，以避免错误的总体归属的发生。下面对各要素的认定工作进行分析和描述。

5.3.1　设计状态的认定

1）应该对产品设计的输入文件和输出文件，进行以产品固有属性为背景的符合性认定，凡是重要的不符合项都应作出影响产品可靠性的解释，以便作为计算产品寿命可靠度过程中的参考。

2）重点对设计文件中相关产品寿命可靠性的分析计算文件进行认定。一般来说，设计文件中，不应存在与将要获取产品寿命可靠度相违背或遗漏的影响因素。

5.3.2　加工和工艺状态的认定

制造产品的加工和工艺过程，可能会给最终产品的属性表现引入许多重大和更加难以分辨根源的影响因素，这些都直接关联着产品属性的统计学分布规律及其特性参量。对加工和工艺状态的认定应包含以下两个基本文件。

1）原材料、原器件、全部外协加工与外购零部件清单。该清单的完整性和表达准确性，可以保障产品可靠性预计工作不出大的差错，使产品对总体的归属具备高可信度。

2）生产工艺过程清单。该清单应当清晰、明了和定量化表达产品生产的工艺，它对产品可靠性的影响是绝无争议的，凡是工艺过程的改变都应给出对产品可靠度影响的具体分析。

5.3.3　装配、调试、试验、专用设备及专业技术工人水平的认定

作为现代高精度技术产品的代表，SAI 产品的装配、调试、试验及专用设备更是采用了许多现代极限技术，包括掌握和运用这些极限技术的专业技术工人，其技术状态的稳定性对于产品的可靠性影响巨大，因而作为产品可靠性工程师就必须随时随地地关注可能发生的变异。产品可靠性工程师应认定全部技术实施都有严格可执行文件的控制，而且应使任何的变化都会显现而不被掩盖。

由专业技术工人实施的 SAI 产品装配过程是产品可靠性得以保障的关键环节，任何失误都会导致小概率失效的发生，而这意味着在产品的研制或应用中将要付出超乎意料的高昂代价。

5.3.4　验收条件和合格判据的认定

验收条件和合格判据的认定具有更强的与具体应用任务的相关性。因此 SAI 产品可靠性工程师，应当将已有的、经产品鉴定、试验、证明有效的通用验收条件和合格判据，结合某一具体应用任务批次对产品的特性要求，进行必要的修改和补充（当然也不排除不用作任何修改或补充的情况），以便提高可靠性估计工作的置信度和工作效率。验收条件的认定有四条必须遵从的原则：

1）验收条件不能遗漏将来产品可能经受的环境条件和运行条件；

2）验收条件不能在内容上加入不必要的产品应用中不会出现的条款；

3）验收条件的强度不能引入对产品产生损害性的影响；

4）验收条件的强度，应足以证明产品将来总会有能力经受同等的应用强度。

验收合格判据制定应由产品可靠性工程师与产品应用方协商确定，这样也有利于产品应用状态的确定，减少产品应用中的不当使用。

5.3.5　传递过程（产品保障、储存、运输）认定

SAI 产品对传递过程的控制往往会提出很特殊的要求。产品可靠性工程师应针对具体用户对这一过程的控制进行慎重的修订，并严格要求用户遵守，修订后的传递过程控制文件应跟随产品个体，并在过程的各个节点设定明确的责任人和审查要求。

还有一个很重要的指导思想应该认真贯彻，那就是作为工业产品的包装、储存、运输这些必不可少的工作，在各行业、企业、国家都有一些标准可供参照。尽量参照这些标准，这样做从保障产品可靠性及降低成本角度看都是很有价值的。SAI 产品虽然存在很多特殊性，但普适性的规律对其同样是适用的。

5.3.6　使用过程认定

从产品装入飞行器的过程开始，经历靶场待发射、发射、飞行器入轨及整个任务完成，这些构成了 SAI 产品使用的全过程。

虽然产品设计状态的输入文件规定会得到各方（使用方和产品制造方以及管理部门，甚至国家有关责任部门）的认可。但输入文件所规定的内容与真实要使用的飞行器往往都不会完全符合要求，此时作为 SAI 产品的可靠性工程师，就有必要和应负起责任将原有使用过程中对 SAI 产品技术要求的内容作适当的修订，并经使用方系统可靠性工程师认可。

在 SAI 产品使用过程中，诸如飞行器轨道环境差异、发射工具力学条件的差异、飞行器运行中对 SAI 产品工作模式要求的差异、飞行器对 SAI 产品属性失效参量要求的差异、飞行器寿命时间和可靠度要求的差异等，都是 SAI 产品可靠性工程师在相应飞行任务及预计自己的产品寿命可靠度工作中，不可忽视的关注点。

SAI 产品可靠性工程师与飞行器系统可靠性工程师密切配合，制定出一份正确的 SAI 产品使用过程文件，并使之得以贯彻执行。这对于 SAI 产品可靠性预计工作、避免

不可预计的小概率失效事件的发生，都具有很关键的作用，其经济价值也是不可忽视的。

5.4　产品失效判据的认定

　　产品失效与否是一个敏感的话题，它除了由 SAI 产品的设计者定义之外，还不可避免地取决于产品的使用者的任务要求；它除了会与产品固有属性六项内容中的任一项相关之外，还会在此项固有属性中分出一些细节上的差异。基于以上原因，SAI 产品的可靠性工程师在进行一项产品寿命可靠度预计前，一定要在技术层面上与产品被应用的飞行器系统可靠性工程师充分进行讨论，从而确定一个属于产品某项固有属性的参数，该参数应当是第一个表现出来不能满足飞行器任务需求的可观测的产品运行数据。

　　为了说明这一问题，这里举三个例子。第一个例子是有人曾设想使用动量轮这种飞行器执行机构为一种需要极高姿态精度的飞行器提供极精确的控制力矩，以克服投入过大去研制新执行机构的困难。结果因为动量轮产品难以满足极精确的失效判据而失败。当然，这一事件在飞行器系统可靠性工程师方案论证阶段就结束了，但也足以说明产品失效判据在决定产品命运中的决定性作用。第二个例子是同样一种动量轮产品，当它作为偏置状态使用时，其失效判据可以以额定转速下工作电流不能超过驱动电机可提供的最大电流为依据（这在本书的第 6 章有介绍）。但如果飞行器系统可靠性工程师将之当作反作用轮使用，一般都会把动量轮转速不可控的"死区"作为制定其失效的依据。再举一个例子，还是动量轮这个产品，在某些要求"静音"环境的飞行器使用动量轮作为执行机构，它会提出振动噪声增大到某一临界值就应判定该产品失效了，这项参数是出自动量轮固有属性中产品的环境适应性这一项。

5.5　预计 SAI 产品寿命可靠度的几种途径选择

　　SAI 产品可靠性工程师获取自己产品寿命可靠度时，可从以下几种途径进行选择，各种途径适用性由表 5 - 1 给出。

表 5 - 1　SAI 产品寿命可靠度的获取途径

序号	名称	适用条件	预计结果置信度	困难程度	备注
1	地面寿命试验	1)产品鉴定试验只剩下寿命考核没有完成； 2)具备产品小批量生产能力； 3)具备合理的寿命试验条件保障； 4)有正确的寿命试验方案	较高	较困难	是现实中应用最多的方法

续表

序号	名称	适用条件	预计结果置信度	困难程度	备注
2	飞行器中应用案例	1)有足够数量的产品应用案例； 2)产品应用过程采集到全面真实的寿命相关数据； 3)有正确的数据整理、分析处理及寿命预计计算方案	最高	很困难	只要有条件首选的方法
3	数据库＋专用的强相关性的失效分析装备	1)有以大数据为特点的产品寿命相关数据； 2)有专用的强相关性的失效分析装备及正确的评价方案； 3)有技术能力足够的产品可靠性工程师	可参照	不困难	产品研制阶段用于论证方案的好方法

在这里，针对表 5-1 需要提示的是，数据库和专用的强相关性的失效分析装备将在本书后面章节详细讨论。其中通过寿命试验和飞行器中应用案例获取产品寿命可靠度的实施途径，将在本书第 6 章和第 7 章以实例进行说明。

5.6 SAI 产品寿命数据随机分布规律的认定

如前 4.2.2 节所述，认定 SAI 产品的寿命数据必定也服从指数分布规律，这一点是不容置疑的。

5.7 SAI 产品寿命数据样本大小的认定

如前 4.3 节所述，SAI 产品可以以一个较少数量的子样组成一个样本，来预计总体产品的寿命可靠度，一般来说，这个较少数量应由以下两个因素来决定：

1) 在成本和现实执行可行性允许的条件下，子样数量尽量多是一个重要原则。尽管有极大似然的条件，但大数定理仍然在统计学理念里占主导地位。

2) 应尽量将最小数量保持在 3~5 个的水平，因为小概率事件的客观理性也是不容置疑的公理，应当力所能及地避免出现荒唐的预计结果。

5.8 如何做出更切实际的预计结果？

在 SAI 产品实际应用中会遇到各种变故，使得表 5-1 的三种途径得出的预计结果必须进行修正才显得更合理，这时就需要采用信息集成法来解决问题了，方法如 4.4 节所述。

5.9　如何及时修正原有寿命可靠度预计结果？

同样，在 SAI 产品实际应用中，会遇到该产品已存在预计结果，但当产品最近一次应用发生后，产品可靠性工程师应尊重应用结果，对原有的预计结果进行修正。这样做的必要性是毋容置疑的。我们可以用一个例子来说明这样做的合理性，比如原有预计结果是由产品的地面寿命试验获得的，此地面试验由于无法模拟空间失重环境的影响，这种非真实模拟必然导致预期结果存在人为的瑕疵。

修正原有预期结果最有效的方法是利用概率理论的时域法，具体地讲就是贝叶斯公式方法，如式（3-2），贝叶斯公式为

$$P(A/B) = \frac{P(B/A) \cdot P(A)}{P(B/A) \cdot P(A) + P(B/\overline{A}) \cdot P(\overline{A})}$$

为了与可靠性工程的表达语言切合，我们将上式中的一般概率表达 P 改成表示产品成功概率的表达 R，即写成下式

$$\hat{R}(A/B) = \frac{\hat{R}(B/A) \cdot \hat{R}(A)}{\hat{R}(B/A) \cdot \hat{R}(A) + \hat{R}(B/\overline{A}) \cdot \hat{R}(\overline{A})} \qquad (5-1)$$

式中　　$\hat{R}(A/B)$——产品经最近一次应用于某飞行器后，根据飞行任务执行成功与否对原有可靠度预计结果进行修正后的二次预计值，A 代表产品成功，B 代表飞行器任务成功；

$\hat{R}(A)$——产品原可靠度，亦可称之为验前可靠度；

$\hat{R}(B/A)$——根据产品验前可靠度预计出的飞行器系统任务成功概率；

$\hat{R}(\overline{A})$——产品验前不可靠度（$\hat{R}(\overline{A}) + \hat{R}(\overline{A}) = 1$ 成立）；

$\hat{R}(B/\overline{A})$——验前依据产品不可靠度预计的飞行任务成功概率。

下面我们举一例对式（5-1）的应用作一说明。

设一 SAI 产品应用于某一飞行器任务，我们依据飞行器任务的成功与失败两种结果分别对该产品验前可靠度数值进行修正。

首先设产品验前可靠度 $\hat{R}(A) = 0.90$，其不可靠度，即 $\hat{R}(\overline{A}) = 1 - \hat{R}(A) = 0.10$。

我们又设飞行器系统应用时该 SAI 产品是与另一部件串联组成的一完整系统，该部件的可靠度设定为 0.95，那么我们可以计算出在 SAI 产品可靠度影响下，飞行器系统验前成功的概率为

$$\hat{R}(B/A) = 0.90 \times 0.95 = 0.855$$

而发生飞行器系统验前不成功的概率即为

$$\hat{R}(\overline{B}/A) = 1 - \hat{R}(B/A) = 0.145$$

同样，我们可以计算出在 SAI 产品不可靠度影响下飞行器系统验前成功概率为

$$\hat{R}(B/\overline{A}) = 0.10 \times 0.95 = 0.095$$

（注：飞行器系统组成的另一部件影响不考虑）

而发生飞行器系统验前不成功的概率即为

$$\hat{R}(\overline{B}/\overline{A}) = 1 - \hat{R}(B/\overline{A}) = 0.905$$

下面分别计算飞行器任务成功和失败两种情况发生后，SAI 产品可靠度修正值为

$$\hat{\hat{R}}(A/B) = \frac{\hat{R}(B/A) \cdot \hat{R}(A)}{\hat{R}(B/A) \cdot \hat{R}(A) + \hat{R}(B/\overline{A}) \cdot \hat{R}(\overline{A})}$$

$$= \frac{0.855 \times 0.90}{0.855 \times 0.90 + 0.095 \times 0.1}$$

$$= 0.987\ 8$$

$$\hat{\hat{R}}(A/\overline{B}) = \frac{\hat{R}(\overline{B}/A) \cdot \hat{R}(A)}{\hat{R}(\overline{B}/A) \cdot \hat{R}(A) + \hat{R}(\overline{B}/\overline{A}) \cdot \hat{R}(\overline{A})}$$

$$= \frac{0.145 \times 0.90}{0.145 \times 0.90 + 0.905 \times 0.1}$$

$$= 0.590\ 5$$

为了显示出贝叶斯方法的正确性，本书在附录 D 中再举一例进行表述。

第6章　通过地面寿命试验获取产品总体寿命可靠度预计实施方法案例

6.1　概述

通过寿命试验获取 SAI 产品总体寿命可靠度的途径，在现实可靠性工程中应用最多，虽然这种途径会遇到种种困难，但仍可获得置信度较高的预计结果。为了使读者更容易掌握这种途径的实施方法，避免发生违反可靠性理论的错误，本书通过一个实例将物理概念和技术手段与可靠性理论结合起来进行叙述。

6.2　动量轮进行地面寿命可靠度预计的背景介绍

图 6-1 为动量轮的产品结构图，其结构由四部分组成：
1）轴承组件；
2）电机组件；
3）壳体组件；
4）轮体组件。
动量轮尺寸、质量、转速范围、功耗等基本参数决定了其属于某一种类别动量轮产品。

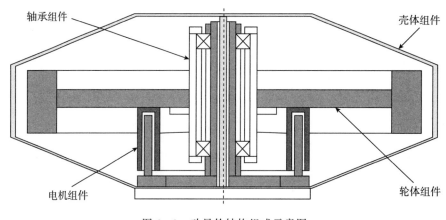

图 6-1　动量轮结构组成示意图

6.2.1　产品固有属性认可

（1）产品功能

图 6-2 所示为动量轮产品在飞行器姿态控制分系统中，作为姿态调整执行机构使用的硬件配置和控制系统方框图。

如图 6-2 所示，在一个飞行器中有 5 台动量轮产品，这些产品组合成为该飞行器姿控系统的执行机构，其中每个产品的功能可用式（6-1）来描述

$$J_w \frac{\mathrm{d}\boldsymbol{w}_w}{\mathrm{d}t} + J_s \frac{\mathrm{d}\boldsymbol{w}_s}{\mathrm{d}t} = 0 \qquad (6-1)$$

式中　J_w——动量轮旋转方向上的转动惯量，$g \cdot cm^2$；

　　　$\boldsymbol{w}_w$——动量轮的旋转角速度，$1/s$；

　　　t——时间变量，s；

　　　J_s——飞行器沿动量轮旋转方向上的转动惯量，$g \cdot cm^2$；

　　　$\boldsymbol{w}_s$——飞行器沿动量轮旋转方向上的旋转角速度，$1/s$。

当图 6-2（a）所示飞行器姿控分系统中星上计算机 AOCC 给出一个控制指令到某一动量轮的驱动电路时，该电路就会向此动量轮的电机工作电流叠加一个电流增量，此电流增量就会使动量轮驱动电机产生一个驱动力矩增量，迫使该动量轮加速（当控制指令为加速指令时，电流增量为增加，反之电流减少动量轮减速）。这一过程反映到式（6-2）所代表的飞行器动力学平衡方程（当飞行器不受外力矩时，其角动量守恒）发生 $J_w \frac{\mathrm{d}\boldsymbol{w}_N}{\mathrm{d}t}$ 的增加或减少，并通过反作用原理引起 $J_s \frac{\mathrm{d}\boldsymbol{w}_s}{\mathrm{d}t}$ 的减小或增加。这样一个结果反映到飞行器沿动量轮旋转方向的反方向，出现一个姿态角加速度 $\frac{\mathrm{d}\boldsymbol{w}_s}{\mathrm{d}t}$，随着控制指令的持续，飞行器将取得姿态角速度及姿态角的变化量，当姿态角的变化量达到飞行器控制系统需求时，姿控系统计算机结束该控制指令，如图 6-2（b）动量轮控制系统框图所示，控制指令 $V_c = 0$。

通过以上描述，我们就明确了动量轮功能的物理实质，就是要以一个精准的旋转角速度的变量，让飞行器产生一个应当取得的姿态角调整结果。

（2）产品性能

动量轮需提供一个精准的旋转角速度的变量就是对其性能的要求。尽管不同飞行器会对动量轮提出不尽相同的精准指标，但作为动量轮本身而言，影响其精准性能的物理参量却近乎相似，即其摩擦力矩特性这一参量，式（6-2）可以准确确定该参量的要求

$$J_w \frac{\mathrm{d}\boldsymbol{w}_N}{\mathrm{d}t} = K\hat{I}(t) - \boldsymbol{M}(t) \qquad (6-2)$$

式中　K——动量轮驱动电机的力矩系数；

　　　$\hat{I}(t)$——驱动电机的工作电流；

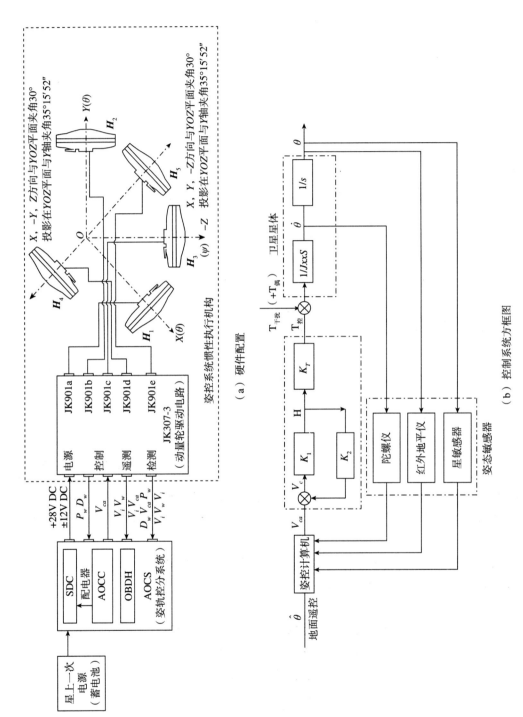

（a）硬件配置

（b）控制系统方框图

图 6-2　动量轮产品在飞行器姿态控制系统中作为惯性执行机构的工作图

$M(t)$——动量轮支承滚动轴承的摩擦力矩。

可以认为上式中 J_w、K、$\hat{I}$ 都具有相当高的精度（这一点，在此加以认可是为了使讨论动量轮性能这一问题简单化，并且在工程上也有其合理性），那么式中 M 这一个代表动量轮摩擦力矩的参量，就成了影响式（6-2）不确定性的主要因素了。事实上，作为采用滚珠轴承支承的动量轮，其摩擦力矩有极复杂的物理成因，而且动量轮制造和应用过程中，又有极大的可能造成 M 这个参量发生不确定性和不可预知的变化。

对于动量轮的 M 参量，直接测量几乎是不可能的。而通过测量动量轮驱动电机的工作电流这种间接方法，可以非常简单、实用地满足测量精度的要求。为此，设置了两个能反映动量轮 M 参量最实质物理过程的工作转速，并对此两个转速下动量轮的工作电流进行精确计量。

1）$w=0$，w 从 0 加速，以最小加速度开始旋转时的工作电流，称之为启动电流 I_0。并且将 w 正向和反向都分别进行测量，取得 I_0^+ 和 I_0^- 两个数据来反映动量轮的启动性能。此性能的重要性在于：当动量轮用作反作用轮工作模式时，反映了产品具备的最小控制力矩当量，简言之它反映了动量轮的灵敏度。

2）w 等于最高额定转速（例如 $\pm6\,000$ r/min）下的稳态工作电流（动量轮在恒温、大气和固定基座上，连续以最高转速工作 2h 以上），此时产品的相关机电参量都达到稳态状态、产品的整体热平衡也达到稳定状态，其摩擦力矩趋于只与其支承滚动轴承的品质性能相关（当然，这一切技术上的分析应由产品可靠性工程师，通过分析经验数据获得判断依据，其他人是做不出正确决断的）。此项性能的重要性反映在动量轮的可控性，过大的摩擦力矩会使驱动电机的驱动能力受到挑战，致使动量轮在姿控系统需要时无法提供转速的转变。

（3）产品安全性

不论动量轮是正常工作还是发生任何故障甚至失效，都不会对姿控系统或整体飞行器带来安全事故。这是它作为飞行器姿控系统执行机构，相比于其他类型执行机构最重要的优点之一。

（4）产品环境适应性

动量轮在提供本身功能的同时，难以避免对整星力学环境产生不良影响，产品高速转子及其支承用滚动轴承的工作振动，会使某些飞行器的其他功能部件（例如成像功能部件、指向功能部件等）产生不可接受的谐振或激振强度。所以，飞行器的有些任务就必须考虑动量轮作为激振源，当其寿命达到某一时刻发生谐振作用（频率及强度变化引起的）或本身激振强度增大到某一不可接受的数值时，就应判定产品本身发生了失效。

（5）产品可靠性

动量轮的产品可靠性标称值为 10 年寿命的可靠度是 99%。这是一个需要依据具体任务进行修正的指标，本章将通过设计一项产品地面寿命试验，按照一个特定失效判据对其进行修正。

（6）产品成本

动量轮的市场价值是一个商业行为，在此不列出具体数值，数值还会根据需求方对产品某些增减成本的建议进行修正。

动量轮产品的以上固有属性描述的具体化，将以产品供需双方合同技术文件详尽列出。以上内容列出的目的，只是作为实施产品寿命试验方案背景情况进行介绍。

6.2.2　动量轮产品总体的状态空间认可

动量轮产品的设计、加工、装配、验收、传递和使用保障，每一个体都是在该产品质保系统的控制下完成的。包括生产线的认证资质及全部硬件（机床、设备等）及软件（人员、文件、标准等）的实际使用及维护。

作为动量轮产品的可靠性保障，应着重强调的是产品的质量保障系统可以实现交付用户的产品，都是处于图 4-7 所示浴盆曲线的工作段 II 区域。

6.3　通过地面寿命试验预计总体寿命可靠度的方案及执行过程

6.3.1　地面寿命试验预计方案正确性认定

在制定地面寿命试验方案之前，必须认定对于动量轮这种 SAI 产品来说，地面条件下与产品在飞行器中运行相比，所经受的失重、温度交变、真空等三项重大环境差异造成的影响，是否能使试验在物理、工程及技术层面上被认可。

首先，在地面创造长时间的失重环境是不现实的，但作为动量轮来说，不管是地面 1 g 的重力加速度还是空间失重的加速度环境，对其高速运转的滚珠轴承各个物理存在的细节（各零件的受力状态、润滑剂的分布等）都影响甚微，因为设计动量轮时已考虑到这些因素的影响，重力或微重力不会对各个功能部件产生质的改变（这一认知还有待于空间探测任务发展的考验）。

其次，温度交变和真空环境的影响，不但在动量轮的设计中都进行了适应性分析和硬件设计应对措施，在产品的鉴定试验中，也都证实了设计的正确性及产品状态空间的保障的完善性和有效性，并且规定产品参加地面寿命试验的产品子样，如前 6.2.2 节产品总体状态空间认可那样，要求其完成了验收试验及全部传递过程，产品已处于浴盆曲线的工作段 II 区域。我们的地面寿命试验只需要验证产品连续工作的能力，不用严格制定温度交变和真空的过程规范。

总之，我们认可利用地面寿命试验的结果足以正确地替代真实产品应用中运行表现出的失效规律。

6.3.2　地面寿命试验环境条件

虽然 6.3.1 节分析了地面试验的正确性，但必要的地面环境模拟条件还是非常必要的，其必要性是防止出现寿命试验结果可能的异常——这种异常可能由于环境条件过于特殊而造成不应发生的产品故障。图 6 - 3 所示为动量轮地面寿命试验现场照片，具体的物理环境参数如图所列。

实验室环境

温度：20℃±50℃；

湿度：≤70%RH；

洁净：普通防尘。

实验设备

1）四台参试 ZYB 产品；

2）一台组合式驱动电路产品，该产品的电路完全与飞行器中工作时的驱动电路相同；

3）两台直流稳压电源（提供±12V 和＋40V 电压）；

4）显示产品工作状态参数的各种仪表。

图 6 - 3　动量轮产品地面寿命试验场景照片

6.3.3　界定地面寿命试验产品失效判据

动量轮是一种空间飞行器通用型姿控执行机构，在制定其总体产品失效准则时，应对可能应用的飞行器做一个调查，目的是使该失效判据具有最强的普适性，以保证在固有属性成本项的约束下，避免针对不同应用进行可靠度预计时过大的工作量。

动量轮可靠性工程师在综合产品固有属性分析后，确定的地面寿命试验产品失效判据是："产品不能以 500 mA 的驱动电机电流维持其转速 6 000 r/min 连续运行"。并认为该失效判据与产品固有属性有最大相关性。

6.3.4　地面寿命试验样本子样数选择

依 5.7 节的分析，动量轮产品地面寿命试验样本数选为 4，由 4 个子样投入地面试验，而且这 4 个子样皆达到了浴盆曲线所示产品总体生命期的 T_1 时刻。4 台产品编号分别为 $1^\#$、$2^\#$、$3^\#$、$4^\#$。

6.3.5　地面寿命试验过程数据采集方法

科学试验过程中获取全面、真实、具有反映事物变化实质的参量数据是实施该试验过程最有价值的工作。在动量轮这种 SAI 产品寿命试验中，我们尤其注重这一工作的原因是：所要获取的全面、真实数据只能在少量子样构成的样本上获取，必须遵循采用极大似然法获取总体统计规律这一理念，即要保障参试各子样的真实，还要将各真实子样的表现用不失实的数据记录下来。

动量轮可靠性工程师通过缜密的分析，制定了表 6-1 所示数据采样表。

表 6-1　动量轮地面寿命试验数据采集表（4 个子样各自独立采集）

数据流水序号	采集时刻（年-月-日-时-分）	动量轮工作参数		驱动电机工作参数		实验环境温度/℃（20±5）	数据采集人员对试验状态正确与否的认定及签名	备注
		工作转速/（r/min）（6 000±100）	工作电流/mA	驱动电路功率电源工作电压/V（40±2）	驱动电路信号电源工作电压/V［±（12±1）］			
1								
2								
3								
...								

依表 6-2 内容要求，数据采集人员应有足够的专业能力和责任心，数据生成可由计算机自动完成，但人工采集也有可取之处。人工采集既可关照整个寿命实验室环境状态，又可关照动量轮产品非表列工作状态表现（如产品噪声、振动及安装定位正常与否的判断），而且在现有实验室条件下也没有增加人员配置的成本。

表 6-2 所列数据流水序号之间的时间间隔确定为每天早 5：00 和晚 16：00 各一次。当设备更换（年检或故障）和试验因故中段（停电、长假期等），带来产品重启时，以及发现某种原因引起数据采集仪表示值有疑问时，应按可靠性工程师的判断进行各种数据的密集采集及试验人员要不间断地进行现场观察，这样慎重处理以避免产品发生小概率被损坏的事件。

总之，寿命试验过程数据采集并不是一件简单工作，很多偶然事件对正常寿命试验过程的干扰，应由产品可靠性工程师用专业知识予以排除。

6.3.6　地面寿命试验数据的归一化处理

当产品寿命试验延续时间达到产品固有属性设计的寿命值（例如动量轮固有属性标称值 10 年）或为了某一急需（延续时间不到 10 年，但某一任务急需给出一个寿命可靠度预计值），产品可靠性工程师可以对各子样，按表 6-1 实测采集表获得的数据进行数据归一化处理，将各子样产品的工作参数提取出来，组成一个样本地面寿命试验数据归一化表格，通过产品可靠性工程师对各子样数据表进行技术认可分析和处理，去伪存真并将各子样数据按同一时间间隔，重新依寿命时间延续和累计顺序，排列成一张用于进行数值统计处理的样本寿命试验归一化数据表，见表 6－2。

表 6－2　动量轮地面寿命试验样本归一化数据表

数据序号	各子样产品编号及工作电流数据/mA				备　注
	1#	2#	3#	4#	
1	300	325	334	347	
2	309	334	342	350	
3	309	336	343	356	
4	314	339	346	357	
5	312	343	344	357	
6	313	337	353	358	
7	312	345	353	364	
8	328	339	349	357	
9	309	335	351	356	
10	310	336	353	360	
11	310	341	356	360	1)数据序号依时间先后以寿命试验开始记为 1，其后 2，3，4，…间隔为一个半月。
12	313	341	359	361	
13	317	341	357	361	2)此例实际开始时间为 2005 年 11 月。
14	315	343	357	366	3)此例进行寿命预计结束时间为 2012 年 6 月。
15	316	346	365	365	4)所列数值为动量轮工作电流数值(mA)。
16	313	343	359	363	5)相应于采集工作电流时动量轮转速为 6 000 r/min。
17	314	345	363	364	6)数据序号皆取到 40，即各子样都工作了 60 个月的累计运行时间。
18	316	344	362	364	
19	319	352	366	369	7)该寿命试验中连续运行是有中断的，而且各个子样中断时间不尽相同，所以此表中各子样是以不同时刻达到 60 个月的。
20	317	342	362	364	
21	316	333	365	360	
22	318	344	360	365	
23	318	344	361	364	
24	319	347	362	365	
25	318	344	363	363	
26	316	337	359	361	
27	316	341	357	362	
28	319	345	362	366	
29	318	344	362	365	
30	315	337	353	361	

续表

数据序号	各子样产品编号及工作电流数据/mA				备　注
	$1^{\#}$	$2^{\#}$	$3^{\#}$	$4^{\#}$	
31	318	340	354	364	
32	320	348	362	368	
33	321	346	362	362	
34	316	336	349	361	
35	317	335	351	362	
36	317	338	352	364	
37	320	339	351	361	
38	318	334	348	365	
39	318	338	351	363	
40	319	347	356	365	

基于 SAI 产品的特点及其地面寿命试验方案的具体情况，一般不推荐采用数字滤波软件对表 6－2 的实测数据进行处理。

6.3.7　从归一化子样时间序列数据寻求产品总体寿命数据样本并预计可靠度

总体样本寿命数据从表 6－2 的归一化子样时间序列数据表是无法直接获得的。很显然，各子样动量轮没有一个发生了失效，甚至连失效的迹象都看不出来。为了解决这一问题必须采用第 4 章的数理统计提供的理论知识，步骤如下：

1）采用 4.1.2 节（3）所述的最小二乘法，将各子样寿命试验中实测取得的工作电流 -时间序列数据，表达为一个时间函数。

2）按照 6.3.3 节界定的动量轮失效判据，从各子样工作电流-时间函数，求取各子样的寿命值。

3）将 4 个动量轮子样的寿命值组成动量轮总体寿命的一个样本。

4）依据动量轮的寿命数值样本，使用极大似然法求取动量轮总体寿命，在统计分布认定为指数分布前提下，求其分布函数参量 $\hat{\lambda}$ 值。

5）依照动量轮寿命可靠度表达式

$$R(t) = \mathrm{e}^{-\hat{\lambda}t}$$

将 $t = 10$ 年代入，求取 10 年寿命动量轮总体的可靠度数值。

按照上述步骤 1）重复执行，得到的结果如图 6－4 所示，分别为动量轮 4 个子样工作电流-时间函数的求取过程及结果。

图中纵坐标 Y 代表工作电流（mA），横坐标 X 代表时间序列（月）。A 和 B 是采用软件对 $1^{\#}$ 子样工作电流-时间数据进行曲线（选用直线方程 $Y = A + Bx$）拟合后，得到的工作电流-时间函数表达式中的常数系数。

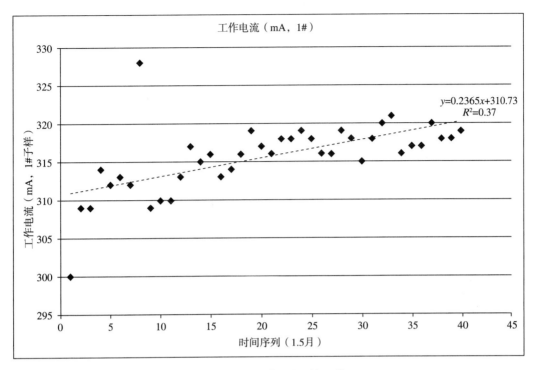

（a）1# 子样的工作电流–时间函数

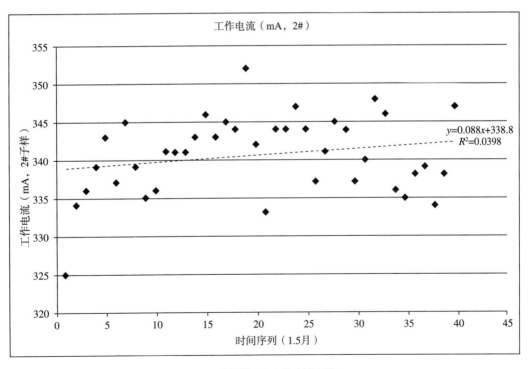

（b）2# 子样工作电流–时间函数

图 6-4　动量轮 4 个子样工作电流–时间函数

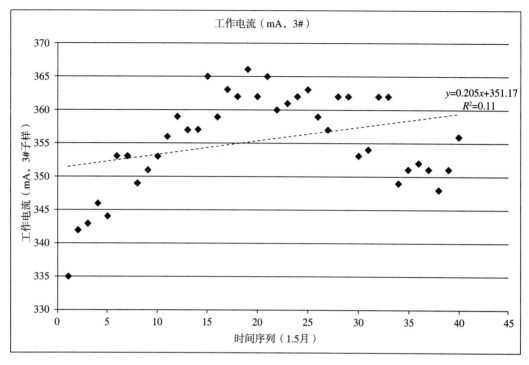

(c) 3# 子样工作电流的时间函数

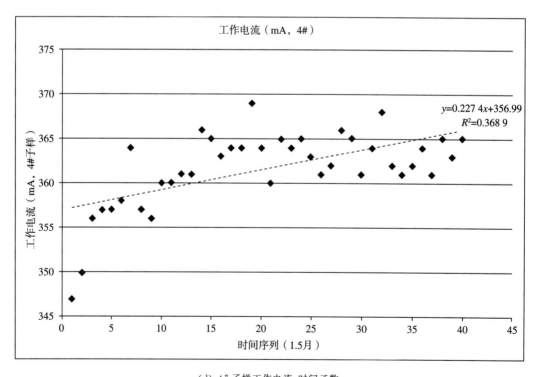

(d) 4# 子样工作电流-时间函数

图 6-4　动量轮 4 个子样工作电流-时间函数（续）

按照上述步骤 2) 和 3) 执行获得下列方程组

$$\begin{cases} I_{1\#(T)} = 310.73 + 0.236\,5 \times T \\ I_{2\#(T)} = 338.80 + 0.088\,0 \times T \\ I_{3\#(T)} = 351.17 + 0.205\,0 \times T \\ I_{4\#(T)} = 356.99 + 0.227\,4 \times T \end{cases}$$

该方程组组成本寿命试验样本的工作电流-时间函数表达。方程中 $I_{1\#(T)}$、$I_{2\#(T)}$、$I_{3\#(T)}$、$I_{4\#(T)}$ 分别为 4 个子样工作电流的时间函数，此方程组恢复了产品工作电流的习惯表达，用 I 替代了计算机软件采用的 Y、T 替代了 X。这样物理概念上容易统一和理解、且表达方便。

将 6.3.3 节界定的产品失效判据 $I_t = 500$ mA 代入产品样本方程组，$I_{1\#(T)} = I_{2\#(T)} = I_{3\#(T)} = I_{4\#(T)} = 500$ 即可求得产品寿命的一个样本

$$\begin{cases} \hat{T}_{1\#} = 100\ 年 \\ \hat{T}_{2\#} = 229\ 年 \\ \hat{T}_{3\#} = 91\ 年 \\ \hat{T}_{4\#} = 79\ 年 \end{cases}$$

按照前述步骤 4)，并参照 4.3 节的式（4-20），求得动量轮总体寿命（统计分布为指数分布）参量 λ 的一个预计 $\hat{\lambda}$ 值

$$\hat{\lambda} = \frac{4}{\sum\limits_{i=1}^{4} \hat{T}_i} = 0.008$$

式中，$\hat{T}_i$ 分别为 $\hat{T}_{1\#}$、$\hat{T}_{2\#}$、$\hat{T}_{3\#}$ 和 $\hat{T}_{4\#}$。

按照前述步骤 5)，获得动量轮总体寿命可靠度表达式

$$\hat{R}_{(t)} = e^{-0.008 \times t}$$

按照前述步骤验证动量轮产品固有属性的寿命 10 年的可靠度为

$$\hat{R}_{(10)} = e^{-0.008 \times 10} = 0.92（即 92\%）$$

这一结果表明：按照地面寿命试验预计，动量轮寿命为 10 年寿命时可靠度为 92%（转速恒定为 6 000 r/min）。原 6.2.1 节中对该产品固有属性可靠性的标称值 10 年 99% 可靠度，应改为 10 年 92% 可靠度。

第7章 通过飞行器应用获取产品总体寿命可靠度预计实施方法案例

7.1 概述

如5.5节表5-1所示，通过在飞行器中的实际应用案例，来获取SAI产品总体寿命可靠度的途径具有最高的预计结果置信度。因此，只要有条件，采用此途径是首选的方法。

鉴于动量轮截止2009年已有足够数量的应用案例，而且在产品应用过程中，我们采集到了预先设计遥测参数时所得到的、全面而真实的寿命相关数据。因而此案例可以得以实施，本章将此途径实施方法进行一个较详细的介绍。

7.2 动量轮进行应用案例寿命可靠度预计的背景介绍

由图6-2可知，典型的动量轮在飞行器应用中，是由5台动量轮产品组成一套惯性执行机构完成为姿控系统提供控制力矩的。其中4台产品分别安装于飞行器的三个姿态坐标轴方向及一个斜装方向（在斜装方向还有一个冗余备件，本书不讨论），它们在飞行器中的真实安装状态如图1-1所示。这4台动量轮的转速范围分别为（以 H_1、H_2、H_3、H_4 分别代表4台产品）：

H_1、H_2、H_3：$\pm 3\,000$ r/min（大部分时间）；

H_4：$2\,000 \sim 3\,000$ r/min（大部分时间）。

如图6-2所示，飞行器姿态控制系统AOCC工作中，陀螺仪、红外地平仪、星敏感器等姿态敏感部件测得飞行器实时姿态角信息及各动量轮工作参量信息，然后根据飞行器任务实时需求，动量轮的各个产品综合分析计算姿控系统计算机提供的控制指令 V_{ca} 改变各自的转速，实现向飞行器提供改变姿态角的控制力矩 $T_{控}$。这种工作状态决定了在动量轮的飞行器任务应用中，其转速无时无刻都处于变化之中，这种变化是由飞行器受到的干扰力矩"$T_{干扰}$"及任务需求决定的，绝不会长时间维持不变。不可能像地面寿命试验那样，刻意将每个动量轮转速维持在 $6\,000$ r/min 的水平。从这里也可以看出：通过地面寿命实验，进行产品寿命可靠度预计的某种不真实性。但亦可以看到：地面 $6\,000$ r/min 转速的设定，远高于应用中 $3\,000$ r/min 的最高转速，这有可能致使寿命预计的结论趋于保守。

上述产品应用背景的描述，显然会给产品的寿命预计工作带来麻烦，解决的办法是：

1）选取飞行器中工作状态最严苛的动量轮产品，例如转速最高的（在整个任务期间）动量轮，这样做虽会导致预计结果趋于保守，但可大大提高预计者对预计结果的信心。

2）选取多个飞行器任务以便使组成样本的子样数较多，达到 5 只子样的数量。

对于采用应用案例进行产品寿命可靠度预计的困难，还有一点就是飞行器中动量轮热环境的影响。虽说动量轮工作的空间范围由飞行器温控系统保证，但动量轮工作的安装结构部位的热条件并不在准确保障之内。第二点就是产品的受控状态（控制指令、旋转方向、工作模式控制等），都会使反映寿命特性的测量参量发生异常。解决上述两点问题的办法就是要采集所有相关数据，然后由产品可靠性工程师进行综合技术分析，使得最后得到产品寿命特性数据的归一化样本数据是全面的、也是真实有用的。

除了上述对动量轮产品应用背景的特殊性讨论之外，对应用实例中各个动量轮产品固有属性、总体状态空间的认可，可参照第 6 章 6.2.1 节和 6.2.2 节的内容进行，以保证它们属于同一总体。

7.3　通过在轨应用案例预计总体寿命可靠度的方案及执行过程

7.3.1　应用案例预计方法正确性认定

应用过程的真实性是此方法正确性的不可争议的保障，但正像 7.2 节所述，建立一个样本有一定的难度。基于 7.2 节我们采取的解决办法，能使其正确性得以实施。

7.3.2　应用过程环境条件的认定

不同的应用任务可能会造成飞行器中的动量轮出现差异很大的工作环境。认定的环境条件将反映在 7.3.5 节内容中，在这里必须提示：这样的环境条件预计的产品寿命可靠度结果，绝对有它的局限性。动量轮作为一种高精度、高速运转机电部件，其力学和热环境敏感性是高的。因此，预计结果应用到不同环境条件的飞行器任务中时，一定要进行分析和修正使之合理（具体的修正方法可参考本书其他章节内容）。

7.3.3　界定产品失效判据

根据飞行器任务的具体应用，参照 6.3.3 节的分析方法，将产品失效判据确定为产品不能以 500 mA 的驱动电机电流，维持其转速 3 000 r/min 连续运行（在应用实例中，动量轮实际工作转速最高值为 3 000 r/min，所以，能对其固有属性之性能参数 3 000 r/min 进行寿命可靠度预计）。

7.3.4　应用案例产品样本子样数选择

根据实际可获得应用案例及 7.2 节的分析，我们选取五个子样：1#、2#、3#、4#、5# 组成一个预计样本，具体子样状态的选择见 7.3.5 节内容。

7.3.5　预计样本数据采集方法

应用案例中与动量轮寿命特性相关数据的全面和真实性采集，应以表7-1所列的内容完成。

表7-1　动量轮预计产品总体寿命可靠度子样寿命相关数据采集表
（5个子样各自独立采集）

产品序号:产品应用过程中相关参数定义及其时间序列数据										
参数名称	时间参量	圈数参量	热环境参量		性能参量			受控参量			
时间序列编号	采集时间（年-月-日-时-分）	绕地球累计圈数	卫星受日照状态（向阳/背阴）	产品安装结构处温度/℃	产品工作转速/（r/min）	产品工作电流/mA	产品工作轴承温度/℃	控制指令电压/V	产品实时角动量/Nms	产品旋转方向（正/反）	产品控制状态（通电、PID调整、偏置等）
	1	2	3	4	5	6	7	8	9	10	11
1											
2											
3											
4											
5											
...											

与地面寿命试验数据采集相同，依表7-1内容，要求数据采集人员有足够的专业能力和责任心；与地面寿命试验不同的是，这里的参与人员不可避免地涉及飞行器在轨运行数据管理中心的人员，他们将飞行器的大量遥测数据中与动量轮相关，并由动量轮产品可靠性工程师确定下来的、所有与动量轮寿命特性关系密切的物理环境数据和产品工作状态数据，按照时间序列择取出来并列于表7-1中，与表6-1所示地面试验用的数据采集表相比，此表内容要复杂很多，但这也正是为了实现真实性必须处理的现实问题。

表中数据时间序列编号之间的时间间隔不可能均等，但大致上以一个月（30天）为间隔在一年中取12个点。

样本中五个子样分别来自五个飞行器（五个飞行器具有类似的环境条件和产品的工作模式），这五个飞行器及动量轮选择的子样背景状态见表7-2。

表 7-2　动量轮应用案例飞行器及所取产品子样与产品寿命特性相关状态

子样序号	应用案例飞行器	动量轮子样状态数据		
	应用时间累积/年	工作转速范围/(r/min)	工作电流范围/A	产品应用表现评估
1#	3.9	1 945～2 022	约 0.2	优
2#	5.2	3 046	约 0.22	优
3#	4.3	2 406	约 0.28	优
4#	5.2	2 432	约 0.30	良
5#	4.0	2 380	约 0.28	良

注:1)此表是由动量轮产品可靠性工程师完成的;

2)"产品应用表现评估"是动量轮产品可靠性工程师,根据产品寿命特性相关的工作电流变化平稳与否,完全凭主观印象给出的,供进行数据分析时作为参考。

7.3.6　预计样本数据归一化处理

与第 6 章相似,我们可得到以每一个产品为背景的产品样本归一化数据表(注:在本书中省去实际数据采集结果)。同样,这个过程中产品可靠性工程师将付出大量时间和精力,进行技术认可分析和处理。

表 7-3 以某一产品的动量轮为例,给出了其实际应用中的典型的归一化数据。

表 7-3　动量轮应用实例样本中子样归一化数据表 (以 4# 产品为例,节选)

产品序号:4#

时间数据			产品性能数据		受控数据		热环境数据
年份	数据时间序列编号	日期	转速/(r/min)	电流/A	控制电压/V	角动量/Nms	温度/℃
2003	1	11-01 17:24	-3 046.4	-0.28	-0.641	15.5	29.2
	2	11-21 05:18	-3 046.4	-0.28	-0.625	15.5	30.1
	3	12-16 18:11	-3 046.4	-0.28	-0.625	15.5	29.2
2004	4	01-18 06:50	-3 046.4	-0.28	-0.609	15.5	30.1
	5	02-19 17:17	-3 046.4	-0.28	-0.601	15.5	29.6
	6	03-20 06:06	-3 046.4	-0.28	-0.601	15.5	29.2
	7	04-15 18:22	-3 046.4	-0.26	-0.601	15.5	29.2
	8	05-14 18:23	-3 046.4	-0.22	-0.601	15.5	28.2
	9	06-13 19:23	-3 046.4	-0.22	-0.594	15.5	28.2
	10	07-11 18:08	-3 046.4	-0.22	-0.594	15.5	28.2

续表

产品序号:4#

时间数据			产品性能数据		受控数据		热环境数据
年份	数据时间序列编号	日期	转速/(r/min)	电流/A	控制电压/V	角动量/Nms	温度/℃
	11	08－10 06:54	－3 046.4	－0.26	－0.586	15.5	28.2
	12	09－10 07:27	－3 046.4	－0.26	－0.680	15.5	29.2
	13	10－10 17:17	－3 046.4	－0.22	－0.680	15.5	29.6
	14	11－10 05:32	－3 046.4	－0.26	－0.578	15.5	30.6
	15	12－10 04:56	－3 046.4	－0.22	－0.578	15.5	31.1
2005	16	01－11 04:45	－3 046.4	－0.22	－0.578	15.5	31.1
	17	02－09 18:37	－3 046.4	－0.22	－0.578	15.5	30.6
	18	03－10 04:40	－3 046.4	－0.22	－0.578	15.5	30.6
	19	04－10 18:55	－3 046.4	－0.22	－0.578	15.5	29.6
	20	05－11 05:36	－3 046.4	－0.22	－0.586	15.5	25.1
	21	06－12 07:00	－3 046.4	－0.22	－0.688	15.5	24.7
	22	07－09 18:41	－3 046.4	－0.22	－0.680	15.5	24.7
	23	08－08 05:48	－3 046.4	－0.22	－0.586	15.5	25.6
	24	09－09 17:18	－3 046.4	－0.22	－0.586	15.5	25.6
	25	10－06 06:47	－3 046.4	－0.22	－0.578	15.5	26.0
	26	11－06 17:43	－3 046.4	－0.26	－0.680	15.5	26.4
	27	12－05 05:28	－3 046.4	－0.22	－0.672	15.5	27.3
2006	28	01－05 05:51	－3 046.4	－0.22	－0.672	15.5	27.8
	29	02－05 18:35	－3 046.4	－0.26	－0.672	15.5	27.3
	30	03－07 05:39	－3 046.4	－0.22	－0.672	15.5	26.9
	31	04－07 04:28	－3 046.4	－0.22	－0.672	15.5	24.7
	32	05－05 06:38	－3 046.4	－0.22	－0.680	15.5	24.2
	33	06－04 05:51	－3 046.4	－0.22	－0.586	15.5	24.2
	34	07－01 17:40	－3 046.4	－0.22	－0.680	15.5	24.2
	35	08－02 19:09	－3 046.4	－0.22	－0.680	15.5	24.2

续表

产品序号:4#

时间数据			产品性能数据		受控数据		热环境数据
年份	数据时间序列编号	日期	转速/(r/min)	电流/A	控制电压/V	角动量/Nms	温度/℃
	36	09—02 07:12	−3 046.4	−0.26	−0.680	15.5	24.7
	37	09—30 20:03	−3 046.4	−0.22	−0.680	15.5	25.1
	38	10—31 18:46	−3 046.4	−0.26	−0.680	15.5	26.0
	39	11—30 19:54	−3 046.4	−0.22	−0.586	15.5	26.4
	40	12—31 04:59	−3 046.4	−0.26	−0.586	15.5	27.3
2007	41	01—30 18:03	−3 046.4	−0.22	−0.680	15.5	26.9
	42	03—01 06:46	−3 046.4	−0.22	−0.672	15.5	26.9
	43	03—30 06:33	−3 046.4	−0.22	−0.578	15.5	26.4
	44	04—29 18:11	−3 046.4	−0.22	−0.578	15.5	25.1
	45	05—28 18:09	−3 046.4	−0.22	−0.586	15.5	24.7
	46	06—25 20:10	−3 046.4	−0.22	−0.586	15.5	24.7
	47	07—25 17:18	−3 046.4	−0.22	−0.680	15.5	24.7
	48	08—24 18:51	−3 046.4	−0.22	−0.680	15.5	25.6
	49	09—33 05:02	−3 046.4	−0.22	−0.586	15.5	26.0
	50	10—19 19:56	−3 046.4	−0.22	−0.680	15.5	26.4
	51	11—19 06:22	−3 046.4	−0.22	−0.672	15.5	27.3
	52	12—16 07:33	−3 046.4	−0.22	−0.680	15.5	26.9
2008	53	01—15 19:22	−3 046.4	−0.22	−0.680	15.5	26.4
	54	02—15 05:55	−3 046.4	−0.22	−0.586	15.5	26.4
	55	03—20 20:07	−3 046.4	−0.22	−0.578	15.5	27.3
	56	04—17 19:07	−3 046.4	−0.22	−0.586	15.5	26.0
	57	05—16 19:10	−3 046.4	−0.22	−0.586	15.5	25.6
	58	06—17 06:44	−3 046.4	−0.22	−0.680	15.5	26.0
	59	07—12 04:02	−3 046.4	−0.22	−0.680	15.5	26.0
	60	08—11 06:44	−3 046.4	−0.22	−0.586	15.5	26.0

续表

产品序号:4♯

时间数据			产品性能数据		受控数据		热环境数据
年份	数据时间序列编号	日期	转速/(r/min)	电流/A	控制电压/V	角动量/Nms	温度/℃
2008	61	09—10 06:16	−3 046.4	−0.22	−0.586	15.5	26.4
	62	10—09 06:16	−3 046.4	−0.22	−0.680	15.5	26.9
	63	11—08 19:32	−3 046.4	−0.22	−0.586	15.5	27.3
	64	12— 09 18:52	−3 046.4	−0.22	−0.586	15.5	27.8
2009	65	01—05 17:53	−3 046.4	−0.22	−0.680	15.5	27.3

同样，表 7-3 较表 6-2 要复杂，原因亦是实现真实性必须付出的代价。表 7-3 只列出 4♯ 子样的归一化采集表内容，其他 4 个子样内容类似。

7.3.7　从归一化子样时间序列数据寻求产品总体寿命数据样本并预计可靠度

本节的标题与 6.3.7 节完全相同，内容也雷同，仍执行以下五个步骤：

1）求取各子样寿命特征参量（工作电流）的时间函数；

2）按产品不能以 500 mA 的驱动电机电流维持其转速 3 000 r/min 连续运行求取各子样的寿命值；

3）将五个子样寿命值组成动量轮以 3 000 r/min 转速被应用总体寿命的一个样本；

4）依极大似然法按动量轮寿命统计分布服从指数分布的前提，求取分布参量 $\hat{\lambda}$ 值；

5）依照寿命可靠度表达式 $R(t) = e^{-\hat{\lambda}t}$，求取 10 年寿命动量轮总体的可靠度数值。

按照上述步骤 1）得到图 7-1 所示各子样寿命特征参量（工作电流）的时间函数。

按照步骤 2）和 3）执行获得下列方程组

$$\begin{cases} I_{1\#(T)} = 0.225 - 5 \times 10^{-4} \cdot T \\ I_{2\#(T)} = 0.249 - 5 \times 10^{-4} \cdot T \\ I_{3\#(T)} = 0.267 - 4 \times 10^{-4} \cdot T \\ I_{4\#(T)} = 0.30 - 0 \times 10^{-4} \cdot T \\ I_{5\#(T)} = 0.28 - 0 \times 10^{-4} \cdot T \end{cases}$$

上列方程组组成样本的工作电流 I（注：以 I 这个常用电流符号代替拟合软件中的 Y，以 T 这个常量代替拟合软件中的 X）的时间函数表达，将 7.3.3 节界定的产品失效判据 $I(t) = 500$ mA（代入方程组为 0.5 A），即 $I_{1\#} = I_{2\#} = I_{3\#} = I_{4\#} = I_{5\#} = 0.5$ A，可求得动量轮总体寿命的一个样本（以 $\hat{T}$ 表示人为预计值）

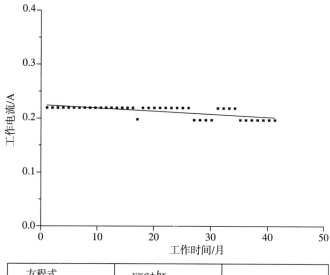

方程式	y=a+bx	
	值	标准误差
a	0.224 76	0.002 24
b	−5.052 26E−4	9.285 1E−5

（a）1♯子样的变化趋势及时间函数

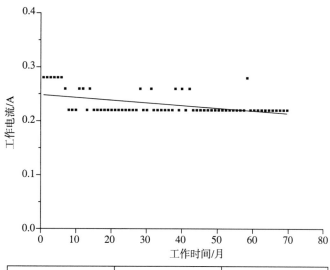

方程式	y=a+bx	
	值	标准误差
a	0.248 75	0.004 61
b	−4.983 56E−4	1.143 66E−4

（b）2♯子样的变化趋势及时间函数

图 7 - 1　子样寿命特征参量（工作电流）的时间函数

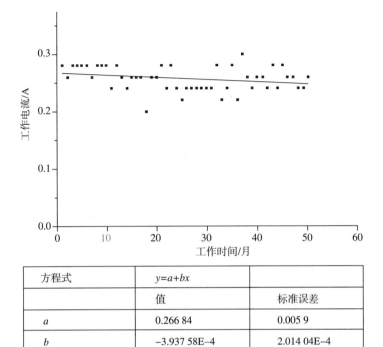

方程式	$y=a+bx$	
	值	标准误差
a	0.266 84	0.005 9
b	$-3.937\ 58\mathrm{E}{-4}$	2.014 04E-4

（c）3$^\#$子样的变化趋势及时间函数

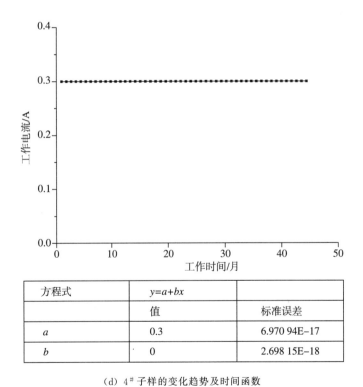

方程式	$y=a+bx$	
	值	标准误差
a	0.3	6.970 94E-17
b	0	2.698 15E-18

（d）4$^\#$子样的变化趋势及时间函数

图 7－1　子样寿命特征参量（工作电流）的时间函数（续）

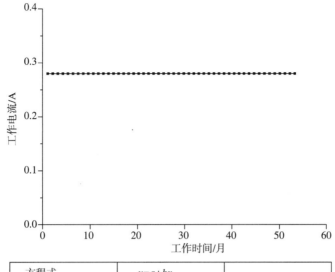

方程式	$y=a+bx$	
	值	标准误差
a	0.28	4.988 55E-17
b	0	1.772 42E-18

（e）5# 子样的变化趋势及时间函数

图 7-1　子样寿命特征参量（工作电流）的时间函数（续）

$$\begin{cases} \hat{T}_{1\#} = 负值 \\ \hat{T}_{2\#} = 负值 \\ \hat{T}_{3\#} = 负值 \\ \hat{T}_{4\#} = 负值 \\ \hat{T}_{5\#} = 负值 \end{cases}$$

显然，这是一个看似荒谬的结果，但它的物理解释却一点也不荒谬，动量轮在飞行器应用的数年时间里（1# 为 3.9 年、2# 为 5.2 年、3# 为 4.3 年、4# 为 5.2 年、5# 为 4.0 年），其状态趋势很好，没有任何退化趋势。这一结论也符合了表 7-2 中可靠性工程师人为的感性判断，并和图 7-1 中子样工作电流-时间函数曲线所展示的趋势吻合。作为产品可靠性工程师可以对动量轮在飞行器中应用数年，状态越来越好的解释是：空间失重环境可能使轴承在较轻负荷下工作，因而摩擦接触处所呈现的摩擦阻力矩的各个分量的综合作用，在较短的数年中，不但没有使轴承摩擦阻力矩增大而且有变小的趋势，如下式（详见参照文献 [26] 中第 178 页）

$$M = T_{m滚} + T_{m滑}$$

$$T_{m滚} = M_{顺从性打滑} + M_{自旋打滑} + M_{弹性滞后阻力}$$

$$T_{m滑} = \mu W r$$

式中　　$T_{m滚}$，$T_{m滑}$ ——分别为滚动摩擦和滑动摩擦；

　　　　$M_{顺从性打滑}$，$M_{自旋打滑}$，$M_{弹性滞后阻力}$ ——分别为 3 个滚动摩擦项；

　　　　W ——负荷，N；

　　　　μ ——滑动摩擦系数；

　　　　r ——接触处到运动体质心的距离，m。

详细物理含义见参考文献［26］中 6.1 节的内容。

在动量轮应用案例组成的上述寿命样本的面前，如何完成上述步骤 4)、5) 已经没有意义了，但理性的表达还是可以给出的：

1) 动量轮产品复杂的机械结构及直接影响其寿命的高精度滚动轴承轴系，在产品进入太空后开始经受一个影响本身工作状态的崭新的力学和热真空物理环境。在此环境中，产品结构应力会发生变化，热分布会发生变化，滚动轴承组成的轴系的油润滑系统工作机制也会发生变化（例如失重对润滑剂的分布会有直接的作用），以上诸变化综合作用在动量轮原有设计背景下，使其性能表现优于地面状态下的表现，并且呈现出地面所赋予的力学、热力学作用有所改善的一个微妙的过程，这个过程在数年中仍没有结束。

2) 虽然人们不能按自己的意愿，获得动量轮产品寿命可靠度的预计结果，但产品在太空中所呈现出的出乎意料的表现，却让我们获得了对原有认知能力的一个飞跃，提高了对动量轮本性的认知。期望更理性通过对现有表现的分析获得新知识，获得更强的产品研制能力。

3) 最后，还有一个不得不回答的问题就是，究竟动量轮在太空应用其寿命可靠度是多大？我们的回答是目前还无法认知，但可以肯定地说，现有设计产品在目前产品状态空间中的总体，没有在短于数年（例如，可以从表 7-2 及图 7-1 的趋势表现）表现出任何变差的趋势。这一回答很保守，但不管是产品制造者还是应用者，都会对该产品创造出人类现在还难以预计的奇迹——"它会是一个永寿产品吗?"这一问题表示乐观。要知道国际上已经有人提出永寿产品的概念了。

第 8 章 SAI 产品可靠性保障和提高的两个重要工具

如果说概率和统计理论，是实施 SAI 产品可靠性工程的理念和理性分析的基础。这些理念和理性分析工作在 SAI 产品中的应用，已在本书前几章论述，那么本章将介绍 SAI 产品可靠性保障和提高的两个重要的工具：

1）SAI 产品失效分析；

2）SAI 产品的可靠性工程数据库。

这两项工作和技术也是实现 SAI 产品智能制造的基础。

8.1 SAI 产品失效分析工作与技术

SAI 产品可靠性工程实施的全过程，离不开对产品失效机理最终物理状态的认知，产品失效分析工作和技术就是完成这一认知的唯一手段。本节将较详尽地做一个全面介绍，偏重于对 SAI 产品最实用的内容。

结合本书对 SAI 产品可靠性工程实施中三个认知需求，将其工作分为三类，将其技术分为四种技术手段和相应的设备。

8.1.1 SAI 产品失效分析工作分类及实施方法

产品失效是产品可靠的对立面，它如影随形地与产品可靠性工作全过程结伴而行。本节依照产品可靠性工作的三个基本阶段，将产品失效分析工作分为三类，并按参与者和责任者对实施方法提出建议，详情见表 8-1。

对于第 I 类和第 II 类失效分析，不做进一步解释，只针对第 III 类进行重点说明如下。

产品应用中发生了失效，本身是一项可靠性工程中的重大事件，产品可靠性工程师必须站在较高的层面上，以自己具备而其他人员不可能获得的背景资源，责无旁贷地组织和完成产品应用中失效与状态空间相关性分析报告，此报告对于该产品的可靠性工程工作将起到全面的指导作用，是产品得以继续生存、发展的重要依据之一。下面按照产品状态空间六要素逐一作说明。

（1）设计

SAI 产品设计无疑是产品获得生命力的最关键因素。因此，设计人员的素质（学识、经验和人品）是此关键要素发挥作用的唯一基础，产品可靠性工程师应对此予以足够的重视。如果产品失效与设计人员的素质直接相关，则对设计人员的更换，将是此要素得以保障的最有效手段。

表 8 – 1 SAI 产品失效分析工作分类及实施方法

分类	名称	相应可靠性工作阶段	工作内容	参与人与责任人		备注
				参与人	责任人	
I	预计性失效分析	产品设计及研制阶段	分析并预计产品失效发生模式，及其与产品六项固有属性的相关性	1）产品设计师；2）产品可靠性工程师；3）分析仪器设备的操作者	产品设计师	企业质量管理人员作为监督者和组织者；产品可靠性工程师完成"产品失效预计研究报告"作为产品可靠性数据库的内容之一
II	实时性失效分析	产品状态空间实施全过程	及时针对产品状态空间实施的六项要素将发生的失效事件与六要素的控制方法相关起来，保障产品状态空间的稳定性	1）产品工程师；2）产品可靠性工程师；3）分析仪器设备的操作者	产品工程师	产品可靠性工程师完成"产品状态空间实施中失效与控制相关及修正措施分析报告"作为产品可靠性数据库的内容之一
III	应用性失效分析	产品应用	找出产品应用失效与产品状态空间六要素相关性并给出修正措施的建议	1）产品可靠性工程师；2）产品应用工程师；3）分析仪器设备的操作者	产品可靠性工程师	产品可靠性工程师完成"产品应用中失效与状态空间相关性分析报告"作为产品可靠性数据库内容之一

（2）产品加工

SAI 产品加工过程将涉及互不相干的诸多因素：设备、工艺、操作人员、环境等。这些因素都会使产品工程师感到难以控制，产品可靠性工程师应以产品固有属性的实现为背景目标，依照失效机理的定位结果，协助产品工程师进行多方面的沟通和协调，使加工过程得以有效控制。

（3）产品装配

SAI 产品装配具有足够的高、精、尖的特性。涉及的技术、设备、人员都处于可以获得资源的边缘状态。可靠性工程师应首先解决人员是否可控的问题，技术和责任心是衡量人员合格的标准，如果产品失效的综合分析与人员素质直接相关，那么对人员的培训或更换将是不可避免的选择；如果失效与技术、设备相关，则可靠性工程师应协助产品工程师，立即通过对设备和技术的改进使装配工作的可控性得以改善。

（4）产品验收

在 5.3.4 节中，我们为验收条件认定规定了四条原则，但原则归原则，如果要完全避免因验收条件或执行验收条件不当造成产品失效几乎是不可能的。当然这种不可能绝不像前三条要素那样，而是风险要小一些。无论怎样，产品的鉴定及试验其强度已为验收级试验留下了很大的安全空间，所以在产品可靠性工程师分析失效因素时，可以把验收过程带来的风险当做小概率事件对待即可。

（5）产品传递

可以像第四项要素一样，当做失效发生的小概率事件对待：关注但不用过分关注。

（6）产品应用

同上。

8.1.2　SAI 产品失效分析技术

SAI 产品的应用状态特点（空间飞行器探索性工作性质会导致 SAI 产品空间应用状态的不确定性），以及本身的技术状态特点（高、精、尖的技术应用，决定了现有技术原理认知的不足和经验积累的不足），决定了其失效分析技术的难度和特殊性。本节以作者多年工作经验为背景，将失效分析技术分四个方面做一个较详细的介绍，即跟踪式失效分析方法及技术简介；SAI 产品中以滚珠轴承摩擦副为重点的失效分析方法及设备；SAI 产品中失效发生在物质分子级变化时的分析方法及设备和 SAI 产品失效分析通用型设备、仪器综述。

（1）跟踪式失效分析方法及技术简介

如前所述，SAI 产品在空间应用中，会发生地面未曾预料到的工作状态。此时在人力不可触及产品实物的情况下，可以用地面跟踪式失效分析方法，解决对失效真实情况的认可，并有可能排除伪失效造成的重大判断失误。

图 8-1 所示为一种 SAI 产品动量轮（以五台产品构成飞行器一套姿态控制执行机构）的跟踪式失效分析系统。

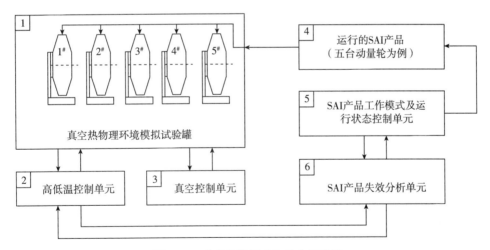

图 8-1　动量轮跟踪式失效分析系统

跟踪式失效分析系统由六个单元组成：

1）真空及热物理环境模拟试验罐；

2）高低温控制单元；

3）真空控制单元；

4）跟踪式运行的五台动量轮产品组合；

5）动量轮产品工作模式及运行状态控制单元；

6）动量轮产品失效分析单元。

系统通过其六个单元的协同工作，实现将空间飞行器中姿控执行机构遇到的疑惑失效、故障、异常等现象，在地面进行跟踪式的模拟，这样就可以利用地面技术人员的观察、分析和对疑惑现象的地面再现，寻找出所发生事件的真相，并以最大可能解决产品在飞行器中所遇到的危机。如果真的发生了产品失效，也可以及时作出对工作模式进行切换的决策，以确保飞行器渡过危机。

这种跟踪式的失效分析方法和技术的功用是毋容置疑的。如果产品研制者有能力进行此方法的实践，还将会为产品本身固有属性的提高和改进挖掘出有价值的行动方案，增强自己产品在市场中的竞争力。

（2）SAI产品中以滚珠轴承摩擦副为重点的失效分析方法及设备

本书作为背景的四种SAI产品——陀螺仪、动量轮、红外地平仪和帆板驱动机构，产品中与失效有最大关联的部件就是滚动轴承。高精度、高可靠、长寿命的滚动轴承技术是支承这些SAI产品得以广泛应用的关键。

近些年来，随着SAI产品研制工程的快速发展，在关键的、广为应用的支承部件滚动轴承失效分析研究中，出现了一种称之为SOT（Spiral Orbit Tribometer）设备及与之配套的分析滚动轴承失效过程的方法。此设备及其分析方法被公认为适用于SAI产品中滚动轴承几乎全部润滑方式的研究（包括油润滑、固体润滑、脂润滑、软金属膜润滑等），并可以真实、精确地将失效发生的机制呈现出来。此方法的出现完全取代了传统的滚动轴承失效分析设备及其方法的地位，例如栓盘式摩擦磨损试验机、四球摩擦试验机等都被证明其试验结果不能真实反映滚动轴承工作的真实运动状态，以至于产生错误的导向。而SOT装置以其对滚动轴承工作汇总滚动、滑动和自旋摩擦副相对运动状态的全面综合性真实模拟，精确的力测量技术、计算机数据处理技术、润滑状态定量精确分析技术，以及对真空和热控与计量分析技术，使其试验结果可以真实反映滚动轴承各种润滑方式下各种应用背景的实际工作情况，从而准确、定量地完成各种特定的失效分析。其分析结果对预计轴承寿命、改进润滑剂及轴承工作状态，都有权威性的指导意义。虽然此设备及其试验方法，还不能实现对滚珠轴承高速工作的真实研究，但已取得的成就为SAI产品研制提供了强有力的工具。2007年美国试验材料协会将使用SOT装置测定液体润滑剂摩擦学特性及其寿命确定为一项暂定标准（interim standard F2661-07）。下面对SOT及其分析做一个较详细的介绍。

图8-2所示为SOT装置工作原理图。SOT装置由以下三个部分组成：

1）试验舱（由舱室、加载系统、旋转驱动系统、真空维持和测量系统、温控系统、气体成分分析系统、红外加热系统等七个功能块组成）。

2）试验装置（由上试验盘座及上试验盘、下试验盘座及下试验盘、试验滚珠构成的摩擦副和压力传感器及其导向盘两部分功能部件组成）。

3）数据采集和分析计算机（图中未示出）。

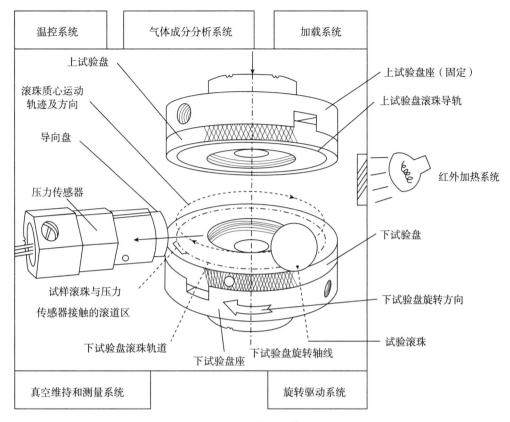

温控系统　　气体成分分析系统　　加载系统

上试验盘
滚珠质心运动
轨迹及方向
导向盘
压力传感器
试样滚珠与压力
传感器接触的滚道区

上试验盘座（固定）
上试验盘滚珠导轨
红外加热系统
下试验盘
下试验盘旋转方向
试验滚珠

下试验盘滚珠轨道　　下试验盘座　　下试验盘旋转轴线

真空维持和测量系统　　旋转驱动系统

图 8 - 2　SOT 装置工作原理图

　　三个部分协同工作，可使试验装置中由试验滚珠、上试验盘及下试验盘组成的摩擦副实现对滚动轴承中摩擦过程的全物理模拟。真实精确地仿真滚动轴承中发生的摩擦学过程，然后通过计算机对旋转速度、加载力、摩擦力各运动参数的采集和分析，给出如图 8 - 3（a）所示的摩擦副摩擦力 F_{gp} 随每圈旋转运行时间段延续发生变化的关系曲线，及图 8 - 3（b）所示的摩擦副摩擦系数 C_{oF} 随旋转圈数延续发生变化的关系曲线。从图 8 - 3（b）中可看出：摩擦系数 C_{oF} 数据采集的计算方法及以摩擦系数数据作为摩擦副润滑失效的判定方法（C_{oF} 骤增）。从中也可以看到，摩擦系数 C_{oF} 反映了试样滚珠沿螺旋线轨迹运动到与压力传感器导向盘接触时，被推回下一个螺旋运动轨迹的起点，在此接触轨道区时段，压力传感器测出了此推力（即 F_{gp}）的大小，而此推力反映的是试样滚珠被推向旋转盘半径较小位置时，产生的滑动摩擦力，此滑动摩擦力 F_{gp} 与滑动摩擦系数 C_{oF} 的关系，由下式决定（读者可参阅参考文献［26］第 41 页对此公式的解释）

$$F_{gp} = C_{oF} \cdot F \tag{8-1}$$

　　式（8-1）中的 F 是由 SOT 装置试验舱中的加载系统提供并测量的。由计算机计算并显示出的 C_{oF} 的变化及其物理实质就反映了摩擦副润滑剂润滑能力的变化（参阅参考文献［26］第 43 页）。因此可以说，摩擦副失效的唯一判据就是润滑失效。

　　SOT 试验装置对滚动轴承摩擦副润滑失效判定的正确性和准确性，是以装置严密的

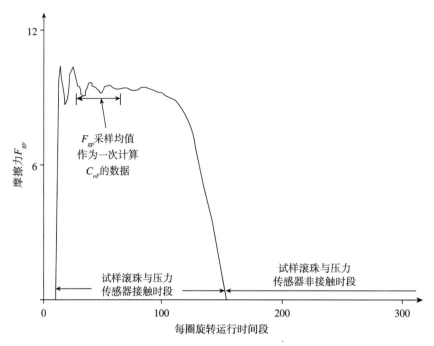

（a）摩擦副摩擦力 F_{gp} 的大小随每圈旋转运行时间段延续发生变化的关系曲线

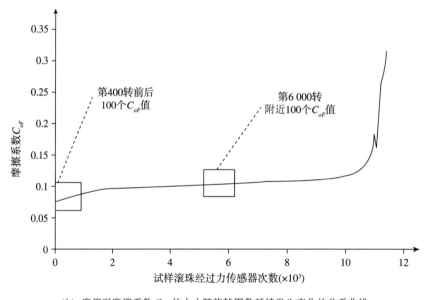

（b）摩擦副摩擦系数 C_{oF} 的大小随旋转圈数延续发生变化的关系曲线

图 8-3　SOT 装置实测的摩擦副摩擦特性参数变化与试验过程的关系曲线

试验方法保证的，图 8-4 以油润滑和脂润滑做一个说明。图 8-4（a）注射器中装入的是稀释过的润滑油，当滴到滚珠上的稀释油中的溶剂挥发之后，滚珠表面仅留下约 50 μg 的润滑油，图中示出滚珠在一个精度为 1 μg 的微量天平上测出润滑油的质量；而图 8-4（b）中滚珠上也以足够精确方法保证其表面存留约 50 μg 的脂量而且是均匀分布状态。如果是固体润滑则润滑膜在 SOT 装置的上、下试验盘表面，使用物理气相沉积的方法保证膜厚约为 $0.1~\mu m$ 的水平。

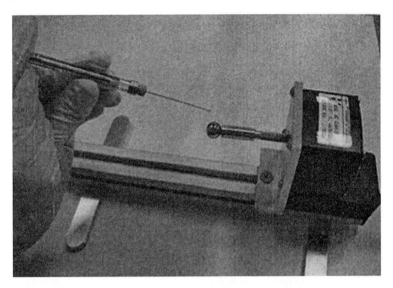

(a) 以微克 (μg) 计算注射器给试样滚珠上加润滑油的示意图

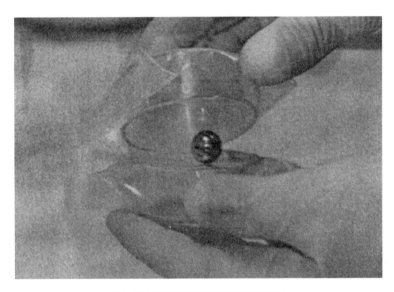

(b) 以微量脂覆盖试样滚珠时的示意图

图 8-4　SOT 装置失效分析中对试样滚珠上油量和脂量的控制操作方法示意图

从试验方法上，SOT 还以高精度的压力传感器及试验舱配置的加载系统、旋转驱动系统、真空维持和测量系统、温控系统，来保障全部试验条件和环境的定量化，从而保障试验结果的可重复性和可控性。

在 SOT 装置中还可以设置如图 8-2 所示的舱内气体成分分析系统，这一系统基本可以将润滑剂组分及其化学变化的发生敏感出来，可以说研究工作的深入已达到了极致。

下面介绍 SOT 装置在 SAI 产品状态空间控制中的应用。

实现对 SAI 总体产品状态空间的有效控制才能完成其可靠性保障。SAI 产品可靠性工程师应是实现此控制工作技术方向的权威，而 SOT 装置以其毋庸置疑的技术功能，成为可靠性工程师的得力工具。下面分别对 SOT 装置在产品状态空间六要素中可发挥的作用作一个介绍。

①在产品设计中

产品的设计是赋予其固有可靠性属性最重要的环节。一旦产品设计工作完成（设计工作的全部输出文件形成），那么设计文件所选用的产品工作原理、元器件、材料及形成产品实体的大部分工作方法，就很难改变或变动范围非常有限。在设计中，如果采用了最先进的理论、分析工具及前人的成果，就自然地赋予了产品可能达到的最优固有属性，其中也包括产品的可靠性。如前节所述，SAI 产品中滚动轴承这种摩擦副部件，在很多情况下都直接决定了产品的可靠性，而 SOT 装置又是滚动轴承润滑失效最先进有效的分析工具，所以产品的设计者应该毫不犹豫地将它应用到自己的设计工作中。在设计的方案确定之后，采用 SOT 这一工具对所选用的滚动轴承润滑状态做一个严格的 SOT 实验验证。大量文献[6,39-46]都表明：SAI 产品的设计者采用了 SOT 这种工具对润滑剂的选择、产品寿命预计、新型润滑剂方案的认定进行了研究，可以说 SOT 装置为 SAI 产品设计可靠性保障工作，打开了历史性的一页。

②在产品加工中

加工工艺的价值立足于它的先进性和成熟性。由于 SOT 装置可以有效模拟摩擦副的工况，所以为产品加工过程中的工艺建立、改进、调整提供了快速验证工具，先进和成熟的工艺对保障产品总体状态空间的稳定性及提高产品的可靠性有着不可估量的价值。举例来说，在固体润滑摩擦副表面进行物理气象沉积 MoS_2 是一项复杂而重要的工艺过程，在优化工艺参数的过程使用 SOT 装置，进行工艺改进效果的判定已被许多文献证明，排除了原试验装置（指的是栓盘摩擦试验机）所带来的错误认知。

③在产品装配中

产品装配过程隐含着许多习以为常及很关键的工艺过程。例如零件的清洗、摩擦副表面的 TCP 处理（一种典型的增强表面边界润滑能力的工艺）、有效工艺路线的合理性，都可以借助 SOT 装置进行优化和改进。无疑这些优化和改进将会提高产品的状态空间稳定性和可靠性。

由于 SOT 装置的使用具有基础性和预见性的特点，因此在产品状态空间的验收、传递和应用阶段就没有实用价值了，因为产品已经达到了完整的实体状态，不能再对其中的摩擦表面做任何实质性的改变了。但是，对验收条件的制定、传递过程中一些环境影响的分析、应用过程发生的特殊条件分析、产品失效的影响分析等研究工作而言，可以利用 SOT 装置一些重要的模拟能力（例如真空可以准确控制、温度变化可以严格设置、负载可以精确调节及试盘和滚珠可更换不同的材质及表面性状等）对产品可能的失效影响因素进行研究，从而对产品状态空间的控制提供建设性的技术支持。

（3）SAI 产品中失效发生在物质分子级变化时的分析方法及设备

已多次提到，SAI 产品中滚动轴承是以润滑失效的形式表现出来的。一般来说，润滑失效的本质必定是其分子结构和存在形式发生了不可逆转的变化。本节介绍在 SAI 产品失效分析中最常用的两种分析方法及其设备。与前面所介绍的 SOT 装置不同的是，SOT 将工况下摩擦副呈现出的摩擦力变化，以表观现象的形式准确地界定出来，例如，摩擦系数的准确数值达到了某一数值，此数值直接反映的是润滑材料的性质发生了不可逆转变化；而且 SOT 还可以明确地界定出，某一工况下的摩擦副中润滑剂维持其性质在一定的运行时段不发生明显改变的数量［参见图 8 - 3（b）］。但是 SOT 的这种功能的"实证"依然需要一种分析方法来表明润滑剂性质确实是发生了变化，而不是 SOT 测量手段（力的测量及负载的测量等）的误判。物理学的基础原理告诉我们物质的分子结构及其存在形式决定了物质的性质，因此，将润滑剂分子结构及其存在形式的变化测定出来，才能支持 SOT 装置测定结果是正确无误的。

事实上在产品中滚动轴承发生失效后（此失效的表现往往都是以摩擦力矩的变化来表征的），对其摩擦表面润滑剂是否发生了质的变化进行认定，也就是辨别产品失效是否与其他因素有关（例如摩擦力矩变化也可能是结构设计不当造成的），而这种质的变化只有依靠对润滑剂分子结构及其存在形式的认定才能确定。

第 1 种设备：傅里叶变换红外光谱仪（FTIR，Fourier transform infrered spectrometer），图 8 - 5 所示为一种 FTIR 典型设备外观图。

关于红外光谱仪的工作原理、适用范围、样品要求、技术指标、适用局限性及使用该仪器对 SAI 产品中摩擦副表面采集样品的分析结果示例，读者可以参阅参考文献［26］第 5 章和第 6 章的有关内容。我们在本书附录 E 中给出了目前可以得到的六种有机化合物红外光谱图供读者查询，以便正确读懂仪器给出的分析结果，确定失效机理及生成物。

在使用这种分析设备进行失效分析时，作为产品可靠性工程师一定要遵循表 8 - 1 的工作方法，与分析仪器的操作者密切合作，在相互具备的知识边界处沟通和理解，否则要想正确完成"产品应用中失效与状态空间相关性分析报告"将是不可能的。对于这种仪器本身的复杂性和有机化学的知识，作为 SAI 产品可靠性工程师来说往往达不到认知的需求。

第 2 种设备：X 射线光电子能谱仪（XPS，X - ray photoelectron spectroscope），图 8 - 6 为一种 XPS 典型设备外观图。

与红外光谱仪一样，XPS 光谱仪的工作原理、适用范围、样品要求、技术指标、适用局限性以及使用该仪器对 SAI 产品中摩擦副表面层分析结果示例，读者可以参阅参考文献［26］第 5 章和第 6 章的有关内容。本书附录 F 中给出珀金埃尔默（perkin elmer）公司提供的两个文件，可用于从 XPS 分析仪给出的元素及其化合物结合能谱图中识别元素和化合物名称及其化学态。

同样，SAI 产品可靠性工程师必须在 XPS 仪器操作者的帮助下，才能正确判读分析结果，因为其不可能具备该仪器所需的专业知识，红外光谱仪和 X 射线光电子能谱仪分析

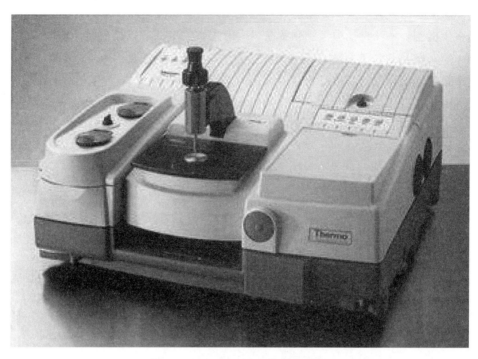

图 8 - 5　　Nicolet FTIR 红外光谱仪

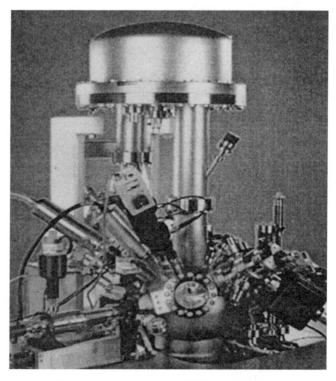

图 8 - 6　　ESCALab250 X 射线光电子能谱仪

设备应用的实例，读者可参阅参考文献［26］第 6 章 6.2 节的内容。

（4）SAI 产品失效分析通用型设备、仪器综述

SAI 产品通用型失效分析，可以按照产品失效机理表现出的物理量特征分为七个大类、十余种常用设备和仪器。表 8-2 将这些设备和仪器的名称、功能、性能及典型型号列出。

表 8-2　通用型失效分析设备和仪器

分类	检测物理量特性	序号	设备仪器名称	性能描述	设备仪器典型型号	应用举例	备注
第一类	质量	1	电子天平	分辨率：0.1 mg	Electritronic balance ER-180A(A&Dco.)	SAI 产品寿命试验解剖分析，建立产品失效物理模型时润滑系统质量变化分析	最常用
		2	微量天平	分辨率：1 μg	High accuracy 6-poin microbalance (ESTL,UK)	SOT 试验必备设备	专用
第二类	尺度	3	X 射线荧光测量系统（XRF）	分辨率：1Å(10^{-10})	A-ray fluores cence Measurement system (ESTL,UK)	固体润滑膜厚计量分析	专用
		4	非接触式激光干涉仪	分辨率：0.01 μm (10^{-8} m)	LC-2420A (KEYENCE CO. JAPAN)	滚珠尺寸计量	专用
		5	非接触式激光振动仪	振幅：0.5 μm 频率：DC～10 kHz	TS-2410 (KEYENCE CO. JAPAN)	产品振动阻尼及动平衡效果及影响分析	专用
第三类	温度	6	热敏电阻	稳定性：±0.05℃ (0～70℃)	Series 400Thermistors Modles 5674 (Hart scientific. USA)	产品谐振阻尼效果分析	专用
		7	高精度温度测量仪	测温精度（热敏电阻）±0.002 5℃ (0～25℃)	Hart-1529 (Hart scientific,USA)	产品热效应分析，温度梯度分析	专用
第四类	力	8	高精度力传感器	测量精度：mN	Kistler instrument (switzerland)	SOT 设备必备部件	专用
		9	高精度可编程恒流源	测量精度：1 mA	Agilent 6622A (Agilent Technology, USA)	产品摩擦力矩、摩擦状态的力驱动间接定量分析	最常用
第五类	磁	10	特斯拉计	测量精度：10 μT	SG-41/42 型数字特斯拉计（中国）	产品磁状态测定及滚动轴承磁影响分析	常用

续表

分类	检测物理量特性	序号	设备仪器名称	性能描述	设备仪器典型型号	应用举例	备注
第六类	形貌及物质组分	11	形貌测量仪	测量精度（3维） $X:3\ \mu m^+$ $Y:3\ \mu m^+$ $Z:4\ \mu m^+$	3DCNC vision Measuring machine （新加坡）	产品中易磨损零件表面形貌分析	常用
		12	扫描电镜	分辨率:3.0 nm	EXO18 scanning electronic microscope（Germany）	失效分析中对被怀疑物质元素成分鉴定,微观形貌分析	常用
第七类	气体成分	13	残余气体成分分析	敏感液态润滑剂裂解气相成分	RGA（residual gas analysis）（UK）	SOT 设备配置部件	专用

注:① "最常用"是指 SAI 产品状态空间控制中通用型设备;

② "常用"是指 SAI 产品状态空间控制和失效因素分析中常用;

③ "专用"只有在特殊设备或特殊分析中用到。

表 8-2 中一些典型仪器如图 8-7～图 8-16 所示，这些典型仪器介绍是一些常识性的内容，对于更复杂的分析技术及过程，本书就不再赘述。因为涉及到具体技术与具体产品，对产品可靠性工程而言不具备普遍性意义。

①电子天平

电子天平如图 8-7 所示。

SAI 产品中作为产品物理品质变化的一种物理量就是物质的质量。尤其是当 SAI 产品中滚动轴承润滑系统的失效发生及控制工作中，对润滑剂精确的量化控制和失效时的变化

图 8-7　电子天平

分析与计量离不开此仪器，目前该仪器已非常成熟，0.1 mg 的感知能力基本够 SAI 产品使用。

②非接触式激光干涉仪

非接触式激光干涉仪原理图如图 8-8 所示。

SAI 产品中应用的滚动轴承精度非常高，达到了目前长度计量工具的极限。非接触式激光干涉仪原理及高稳定基座是该类仪器的关键技术。LC2420 型仪器在此应用中，分辨率可达 0.01 μm，基本满足目前产品状态空间控制和失效分析的需求。

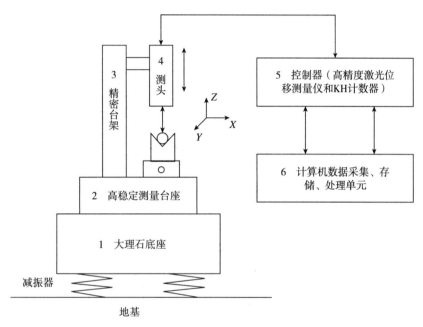

图 8-8　非接触式激光干涉仪原理图

③非接触式激光测振仪

非接触式激光测振仪原理图如图 8-9 所示。

该仪器的配套应用如图 8-9 所示，成套设备可以非常理想地对 SAI 典型产品动量轮进行阻尼及动平衡效果影响分析，图示设备与振动台配合还可以完成产品谐振状态分析。

④形貌分析仪

形貌分析仪如图 8-10 所示。

它的三维分析能力及所达到的精度，使 SAI 产品的失效分析在形貌认知上达到了一个新水平。图 8-11 所示是对一个滚动轴承滚道形貌的分析结果照片，不但直观给出磨损物分布、滚道在沟道中的位置，还能给出分析者期望的滚道尺度。

⑤扫描电镜

扫描电子显微镜（如图 8-12 所示）是一种非常成熟且能根据实际应用需求进行技术提升和改造的设备，在 SAI 产品的失效分析中广为应用。在图 8-13～图 8-16 中给出了四种应用结果，这些结果对可靠性工程师的分析工作起到了关键性的作用。

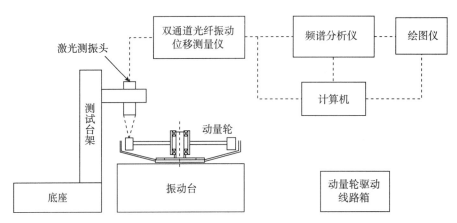

图 8-9　非接触式激光测振仪原理图

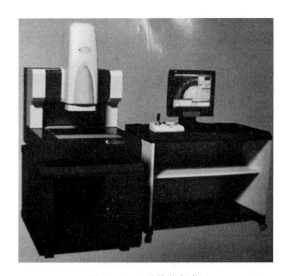

图 8-10　形貌分析仪

图 8-11　形貌分析仪应用实例——滚道形貌分析

图 8-12　扫描电镜

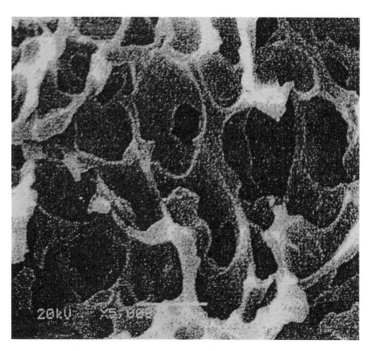

图 8-13　SAI 产品的滚动轴承保持架（聚酰亚胺微孔材料）微观形貌的扫描电镜照片，
读者可以清晰地看到材料中内部分辨率达到微米级的结构形貌

图 8 - 14　SAI 产品的滚动轴承保持架（复合酚醛胶木–棉纤维层材料）材料中棉纤维的
中空形貌，它可以证明棉纤维毛细现象是其最基本的工作模式

图 8 - 15　在 SAI 产品的轴承加载结构中，决定加载量的精确及位置准确性，接触零件表面在
真空负高压负载高程度接触中，两表面之间发生的材料转移（冷焊现象），在扫描电镜中
可以清晰地将其分辨出来，而且可以对转移材料的组分进行鉴别

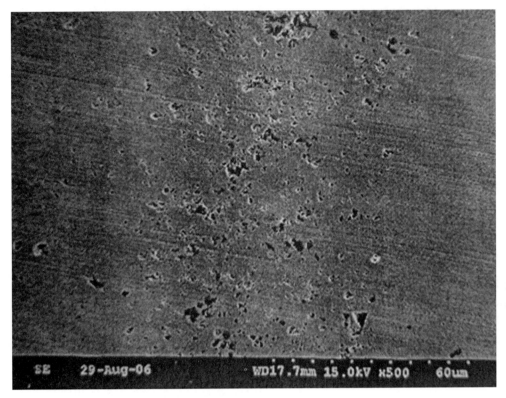

图 8-16　在 SAI 产品的滚动轴承座圈选材中，9Cr18 电渣炉冶炼技术备受质疑。
用此种材料冶炼的轴承钢制作的轴承座沟道表面，呈现出来的孔隙分布不均匀的
严重性显而易见。此种表现会造成轴承早期失效

8.2　SAI 产品可靠性工程数据库工作及技术

　　SAI 产品可靠性工程实施中的一个显著特色，就是应用概率统计的理念和数学方法，对产品生命周期全过程产生的大量信息以数据的形式，进行采集、存储、提取统计分析和做出判断式的决策。此工作到目前阶段，可以说主要还是依靠人工文档管理系统，辅助以计算机的大容量和快速数据存储、计算能力来完成的。但是随着国际互联网技术的全球性普及和计算机科学技术的飞速发展，这种工作模式已经面临重大转变的可能性，而且从产品可靠性工程的需求，期望对可获得的巨大信息量进行快速存储和处理，以便实现产品可靠性最有力的保障及提升，从而加速产品的更新换代，以满足人类探索空间事业的需求。因此可以说，以计算机数据库技术为基础、以国际互联网技术为背景的 SAI 产品可靠性工程大数据时代已经到来。如果把大数据时代产品可靠性工程的工作模式看做是为可靠性工程师提供的一种强有力的工具，那么正确使用这一工具，必将为自己的工作打开一个崭新的局面，工作效率将大幅度提高。按照统计学和概率理论的理念，使用这一工具将会使我们的统计判断更及时、更快速，而且更趋于正确。

　　大数据时代的 SAI 产品可靠性工作模式的基础建设，应该说就是产品可靠性数据库的建设。而建成这一数据库的主要任务，应该由产品可靠性工程师来完成。产品可靠性工程师将根据自己对数据库技术的了解程度，初步提出自己所期望的数据库类型，然后与数据库工程师密切协商，并由数据库工程师为自己构建一个具体的、便于自己操作的数据库操作终端。产品可靠性工程师将主要以该数据库的应用者的身份出现，数据库本身的维护、扩建、修改及更新是数据库工程师的职责，产品可靠性工程师及其他应用人员是不能干预的。本书仅以产品可靠性工程师的立场出发，将自己应做的工作和相关技术做一个阐述，并以一个实例（建立和应用 SAI 产品动量轮在轨工作状态跟踪数据库）来说明。

8.2.1　SAI 产品可靠性工程数据库的构建工作内容和实施方法

　　SAI 产品可靠性工程数据库的主持人和主要使用者是产品可靠性工程师。但困于专业能力和工作量的双重局限，整个数据库建构、维护、修改及更新和应用，必将涉及其他责任人员。例如计算机硬件设计人员、计算机软件设计人员、数据库构建工程师及维护人员。伴随着技术进步（计算机及互联网技术的飞速发展），必须对数据库进行硬件或软件更新时，还会需要一些专业信息服务公司的系统工程师的介入才能顺利进行。至于数据库的应用，作为产品可靠性工程师，将非常希望自己的产品形成全过程的主要人员（例如设计工程师、产品工艺师、销售人员及主管 CEO），都能以足够的自由度使用数据库，并与自己在数据库设计的各个应用终端上进行快速交流。

　　表 8 - 3 比较简明地表达 SAI 产品可靠性工程数据库的构建工作内容和实施方法。

表 8 - 3　SAI 产品可靠性工程数据库构建工作内容及实施方法

分类	名称	工作阶段		工作内容	参与人及责任人		备注
		序号	任务定义		参与人	责任人	
I	筹建工作	1	调研	1）需求分析； 2）承担建构任务公司选择； 3）与承担方协商后完成建库合同签订	·产品可靠性工程师； ·主管 CEO； ·建库承担方	产品可靠性工程师	产品可靠性工程师应在信息技术公司专业人员的协助下完成调研工作
		2	任务书				
		3	签合同				
II	数据库系统构建	4	硬件配置	1）建构承担方依照任务书和合同完成全部建库工作并完成系统运行考核； 2）提交数据库全部文档； 3）培训产品可靠性工程师及相关人员	1）数据库建构工程师； 2）产品可靠性工程师； 3）数据库维护管理人员	建库工程师	产品可靠性工程师需尽可能熟悉与数据库应用直接相关的技术
		5	软件配置				
		6	系统管理软件配置				
		7	用户端界面设计调试				

续表

分类	名称	工作阶段		工作内容	参与人及责任人		备注
		序号	任务定义		参与人	责任人	
Ⅲ	数据库应用	8	应用人员操作培训	1) 可查询和修改 SAI 产品全部固有属性文件和数据； 2) 可查询和修改 SAI 产品全部状态空间文件和数据； 3) 可获得产品寿命试验采集和结果分析文件和数据； 4) 可获得产品在轨应用工作状态数据； 5) 可应用工具软件完成产品可靠性保障和提高的分析工作	1) 产品可靠性工程师； 2) 产品工程师； 3) 产品工艺师； 4) 产品设计师； 5) 产品销售； 6) 管理 CEO	产品可靠性工程师	正确应用产品可靠性工程数据库是各相关人员提升专业创造性能力的重要工具手段； 数据库应用的发展将为产品进入智能制造时代创造条件
		9	数据库输入输出数据的管理				
		10	数据库分析软件的完善				
		11	数据库数据分析软件应用及统计分析结果的传递				
		12	各相关用户的界面显示				
Ⅳ	数据库的维护、修改、更新	13	数据库的维护、更新	1) 现有数据库的故障排除； 2) 维护保证全天候正常运行； 3) 系统更新	1) 数据库管理工程师； 2) 产品可靠性工程师	数据库管理工程师	产品可靠性工程师根据应用需求决定工作内容的实施

8.2.2　SAI 产品可靠性数据库应用技术

图 8-17 描述了产品可靠性工程数据库的工作态势。满足这种工作态势要求的数据库类型应该是仓库型，它将兼有操作型功能（产品可靠性工程师的需求状态）、事务型功能（包括产品质量全面管理系统、产品工程师、产品设计师、产品销售及产品管理 CEO 等诸方面的服务）、生产型功能（产品可靠性工程实施全过程的实时指导性和查询性需求）三种使用方式。产品可靠性工程师应在建库初期阶段，将这些要求与专业技术公司专业人员深入沟通，以便提出建库任务书。当与数据库专业公司签订建库合同之后，产品可靠性工程师应尽可能深入了解数据库工程师构建过程的每一个工作阶段（表 8-3 中序号为 4、5、6 和 7）的工作，并对用户端所提供的事务型功能、生产型功能和操作型功能进行试用和认可。

当数据库建立之后，产品可靠性工程师应通过组织各方应用人员培训，对数据库实体的三项功能进行认可。同时在数据库工程师的指导下，熟悉各自应用数据库的能力，并对各自所用的终端做一个认可。

可以说建立和成功应用一个产品可靠性工程数据库，是产品可靠性工程实施技术水平的质的飞跃。为了完成这一飞跃，全体人员都要在掌握数据库应用技术的基础上，实现认

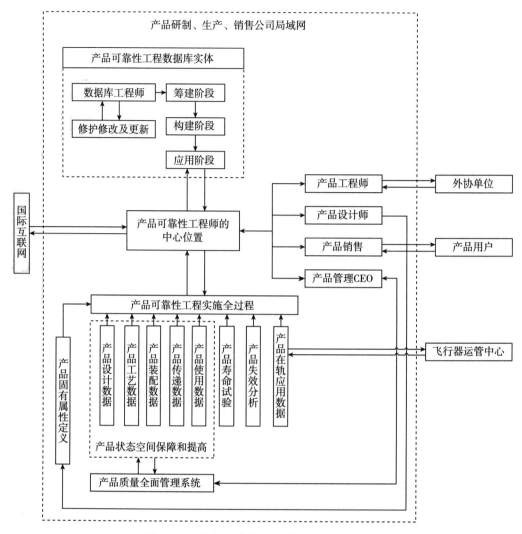

图 8 - 17　产品可靠性工程数据库工作态势图

注：① 产品研制、生产、销售公司局域网对数据库安全负责；

② 只有产品可靠性工程师和数据库工程师可直接接触产品可靠性工程数据库；

③ 国际互联网为可靠性工程师提供国际同类产品信息

知能力的突破。这一工作必然是艰巨的，但为了实现更高效、更快捷的智能化制造这种划时代的工业革命，每个人都应该勇于迎接这一技术能力提升的挑战。

需要指出的是，随着大数据时代的到来，信息技术的发展和更新，决定了 SAI 产品可靠性工程数据库的应用过程绝对离不开专业数据库工程师对它的维护、修改和更新。可靠性工程数据库需要跟上时代的发展，使之成为包括产品可靠性工程师在内的所有使用者得心应手的工具。

关于数据库本身的专业技术知识读者还可参阅参考文献 [49] 和 [50]。

8.2.3　利用动量轮的在轨应用数据，建立产品可靠性工程数据库实体

　　填充并应用图 8-17 所示产品可靠性工程数据库实体以及对其进行维护、修改及更新，是一项长期与产品生命过程相匹配的工作。此项工作内容很多，本书只就作者的经验将通过飞行器运管中心将动量轮产品在轨运行的应用数据，采集并储存到动量轮可靠性工程数据库的工作（如图 8-17 所示），进行一个叙述以供参考。

　　虽然处理动量轮产品在轨应用数据只是图 8-17 整个动量轮产品可靠性工程数据库实体一小部分的工作，但我们仍是依照表 8-4 所示实施方法逐步完成的。

　　按照表 8-3 工作阶段序号 1，首先通过调研明确了表 8-4 所示动量轮产品在轨应用的飞行器型号及动量轮产品个体数量，并将之作为数据来源载体，且找到了拥有全部这些数据的责任单位：飞行器运行和管理中心（飞行器运管中心）。

表 8-4　动量轮产品应用数据采集载体状况

数据源序号	飞行器型号	动量轮产品数量	产品应用开始日期
1	A	4	1999.10.14
2	B	4	2000.9.1
3	C	4	2002.10.27
4	D	5	2003.10.21
5	E	5	2004.11.6
6	F	5	2007.9.19
7	G	6	2008.12.15
8	H	2	2004.9.9
9	I	4	2007.5.23
10	J	1	2003.11.15
11	K	1	2003.5.25

　　在工作阶段序号 2 和 3，我们与飞行器运管中心协商，该责任单位同意按表 7-1（第 7 章 7.3.5 节）为我们的数据库采集完整的并具有必要精度的全部动量轮在轨应用数据。随之通过双方协商确定了任务书（见参阅参考文献 [48]）。

　　按照表 8-3 工作阶段 4、5、6、7 的工作内容，由飞行器运管中心的数据库工程师，为动量轮可靠性工程师构建了动量轮可靠性工程数据库实体的产品在轨应用数据的自动采集、贮存及各相关用户的界面显示功能，随后又完成了对应用人员的培训（即工作阶段 8、12），工作细节见参考文献 [49]。

　　双方约定的软件应用环境和开发工具为：

　　·应用环境：Windows server 2003 R2；

- 数据库软件：Oracle 118；
- 开发语言：C++。

该数据库部分数据处理流程如图 8 - 18 所示。图中 .mstdp 数据文件是飞行器运管中心从飞行器遥测信号获取的实测数据文件，该文件中动量轮的数据按表 7 - 1 的要求经图示数据入库模块（SR1）处理构成动量轮数据 ctl 文件，并导入动量轮数据库（图中 MW502 数据库），而后，这些动量轮数据可经数据查询显示模块（SR2）和数据导出模块（SR3）以与表 7 - 1 格式类似的表格化数据 CSV 文件形式提交在各用户的终端显示屏上，该 CSV 文件的形式如图 8 - 19 所示。各终端用户（包括动量轮可靠性工程师）都可以从自己的终端计算机显示屏上，获得这种形式的动量轮在轨应用数据。在第 7 章 7.3.5 节中，动量轮可靠性工程师就是利用此途径，然后经过自行设计的数据处理软件，获得表 7 - 3 所列各动量轮寿命可靠度预计所需用的各动量轮子样归一化数据表。

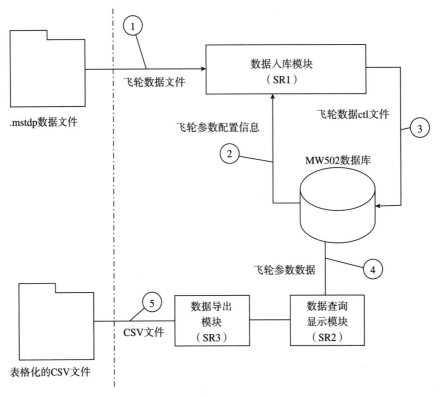

图 8 - 18　动量轮可靠性工程数据库中，产品在轨应用数据处理流程图

（图中飞轮即动量轮）

构建动量轮在轨应用数据采集、贮存这部分数据库的功能，大大方便了动量轮产品可靠性工程师实时了解动量轮产品应用中的工作情况，为自己和各相关用户提供了一个有助于认知和提高产品可靠性的有力工具。

动量轮数据处理工具

数据查询/导出 | 遥测数据导入 | 卫星信息配置 | 动量轮型谱信息配置 | 动量轮产品信息配置 | 产品数据修改

卫星型号
XXXX ·01星

动量轮型谱
GKNW-350-50B

动量轮名称
XXXX ·01星动量轮A

起始日期
2007年 9月10日

起始时刻
0:00:00

结束日期
2007年 9月20日

结束时刻
0:00:00

查询完成，共62052行记录

提交查询

导出查询结果

序号	采集时刻	圈次	向阳	PID	安装处温度	转速(rpm)	电流(mA)	轴温(C)	控制电压(V)	角动量(NMS)	正/反	通电
1	2007-09-10 07:58:0…						0.19089					
2	2007-09-10 07:58:0…								1.21569			
3	2007-09-10 07:58:0…					4805						
4	2007-09-10 07:58:0…				16.22201			20.74589				1
5	2007-09-10 07:58:1…						0.24112					
6	2007-09-10 07:58:1…								1.37255			
7	2007-09-10 07:58:1…					4805						
8	2007-09-10 07:58:1…				16.22201			20.74589				1
9	2007-09-10 07:58:1…						0.27126					
10	2007-09-10 07:58:1…								1.37255			
11	2007-09-10 07:58:2…					4808.75						
12	2007-09-10 07:58:2…				16.22201			20.74589				1
13	2007-09-10 07:58:2…						0.12056					
14	2007-09-10 07:58:2…								0.90196			
15	2007-09-10 07:58:2…					4807.5						
16	2007-09-10 07:58:3…				16.22201			20.74589				1
17	2007-09-10 07:58:3…						0.19089					
18	2007-09-10 07:58:3…								1.21569			
19	2007-09-10 07:58:3…					4805						
20	2007-09-10 07:58:3…				16.22201			20.74589				1
21	2007-09-10 07:58:4…						0.18084					
22	2007-09-10 07:58:4…								1.21569			
23	2007-09-10 07:58:4…					4805						
24	2007-09-10 07:58:4…				16.22201			20.74589				1
25	2007-09-10 07:58:5…						0.35164					
26	2007-09-10 07:58:5…								2			
27	2007-09-10 07:58:5…					4806.25						
28	2007-09-10 07:58:5…				16.22201			20.74589				1
29	2007-09-10 07:58:5…						0.07033					
30	2007-09-10 07:59:0…								0.5098			
31	2007-09-10 07:59:0…					4808.75						
32	2007-09-10 07:59:0…				16.22201			20.74589				1
33	2007-09-10 07:59:0…						0.17079					
34	2007-09-10 07:59:0…								1.13725			
35	2007-09-10 07:59:1…					4806.25						
36	2007-09-10 07:59:1…				16.22201			20.74589				1
37	2007-09-10 07:59:1…						0.19089					
38	2007-09-10 07:59:1…								1.21569			
39	2007-09-10 07:59:1…					4805						
40	2007-09-10 07:59:2…				16.22201			20.74589				1
41	2007-09-10 07:59:2…						0.28131					
42	2007-09-10 07:59:2…								1.68627			
43	2007-09-10 07:59:2…					4805						
44	2007-09-10 07:59:2…				16.22201			20.74589				1
45	2007-09-10 07:59:3…						0.20093					
46	2007-09-10 07:59:3…								1.13725			
47	2007-09-10 07:59:3…					4808.75						
48	2007-09-10 07:59:3…				16.22201			20.74589				1
49	2007-09-10 07:59:4…						0.18084					
50	2007-09-10 07:59:4…								1.21569			
51	2007-09-10 07:59:4…					4806.25						
52	2007-09-10 07:59:4…				16.22201			20.74589				1
53	2007-09-10 07:59:4…						0.3014					
54	2007-09-10 07:59:4…								1.92157			
55	2007-09-10 07:59:5…					4806.25						
56	2007-09-10 07:59:5…				16.22201			20.74589				1
57	2007-09-10 07:59:5…						0.13061					
58	2007-09-10 07:59:5…								0.90196			
59	2007-09-10 07:59:5…					4807.5						
60	2007-09-10 08:00:0…				16.22201			20.74589				1

图 8-19　以某飞行器中一台动量轮产品的在轨工作状态数据为例的 CSV 文件形式

结　语

　　本书是以 SAI 几种典型产品为技术背景，以工程实用为目标，向读者介绍如何建立起明确的产品可靠性工程理念。本书着重以产品可靠性工程师为对象，在建立正确的可靠性工程理念之后，可以利用本书所提供的具体方法和工具去实施和完成自己责任内的工作，从而研制出预期寿命可靠度的产品，并以可定量、可预计的产品寿命可靠度指标去适应各种应用的需求。

　　本书依据作者长期从事 SAI 产品研制的经验，对国内外产品可靠性工程进行较全面的了解，经过理性化的梳理和归纳，给出了作者认为必须严格遵守的产品可靠性工作组织、实施的规则，认为只有这样才能进一步提高国内目前产品可靠性工作的水平，为使"中国制造"转为"中国创造"做出贡献。

　　本书承蒙中国科学院院士刘维民先生、中国航天科技集团有限公司资深研究员朱明让先生的指导和推荐，在此深表谢意。

　　本书的出版还得到了刘磊、卿涛、王吉文、林言丽、张超英、张绍卫、周宁宁、武登云、张激扬、彭梅、张阿妮、金光、杨晓丽、王莹等同志和同行的帮助，在此一并表示感谢。

附录 A 最小二乘法

1）历史：早在 19 世纪法国勒让德（Legendre，1752—1833 年）提出的一种数学工具。

2）用途：当人们通过观察和分析确定某一现象的变化过程可以用一个函数关系来描述时，就可适应用此数学工具将现象的变化过程实现精确的函数表达。在可靠性工程中，当一超长寿命产品不可能通过短期样本产品寿命试验的观察结果预计时，可采用此数学工具对表征产品寿命参量的随机变化时序数据实现精确的函数表达，如本书 6.3 节和 7.3 节所述。

3）本附录内容说明：人们可直接使用计算机软件，将复杂的最小二乘法运算过程大大简化。但作为产品可靠性工程师，还有必要了解复杂的运算过程中数据处理、推理和计算的细节，以便更实质地接受此方法的理念。

4）举例说明：观察和分析发现，参量 y 的变化随 x 增大表现出如图 A-1 所示趋势。

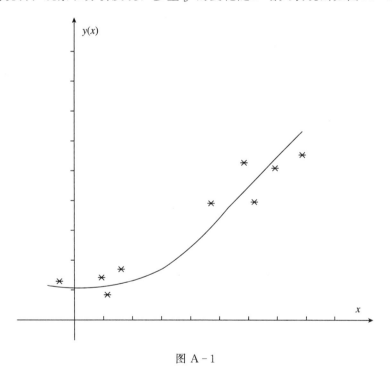

图 A-1

图中 * 为 y 随机变量的实际观察数值：$y(x_i)$；x_i 从小到大增大，相应地 $y(x)$ 变化有如图中实线所示曲线的变化趋势；根据数学知识，该曲线可以用如下函数进行表达

$$y(x) = \alpha \cdot e^{\beta x} \tag{A-1}$$

最小二乘法作为一种数学工具，可以实现将式（A-1）中的参数 α 和 β 依照 $y(x_i)$ 实测值进行最精确的表达。之所以称之为最精确的表达是基于这样的认知：自然界现象发生连续变化是趋于完美的、准确的。人为观察中取得的数据作为一种随机量被测量出来是因为事物的测不准原理。一个完美的自然现象以数学的严谨被呈现出来作为人们认知的一种提升，这一提升是必要的、是合乎公理的。

最小二乘法的数学逻辑推导是依以下顺序进行的。

首先，我们基于对式（A-1）的认知，明确地制定一个目标，即将式（A-1）的未知参数 α 和 β 通过实际观察值 $y(x_i)$ 和 x_i 所呈现的规律人为地计算出来，而这种计算过程应遵从观察值 $y(x_i)_{观}$ 和计算值 $y(x_i)_{计} = \alpha \cdot e^{\beta x_i}$ 在所有观察点综合偏差最小的原则，即

$$\sum_{i=1}^{n} \left[y(x_i)_{观} - y(x_i)_{计} \right]^2 = 最小 \tag{A-2}$$

式中　n——观察次数，并依序 $1, 2, 3, \cdots, n$ 从小到大表达参量 y 一个连续变化的过程。

为了计算方便，对式（A-2）两边求自然对数，式（A-2）仍应是成立的，即

$$\sum_{i=1}^{n} \left[\ln y(x_i)_{观} - \ln y(x_i)_{计} \right]^2 = 最小 \tag{A-3}$$

继续做以下推导过程，将 $\ln y(x_i)_{计} = \ln(\alpha \cdot e^{\beta x_i})$ 代入上式，即

$$\ln y(x_i)_{计} = \ln(\alpha \cdot e^{\beta x_i})$$
$$= \ln\alpha + \beta x_i$$

为表达简单化，令 $\ln\alpha = a$，$\beta = b$；则式（A-3）可写成

$$\sum_{i=1}^{n} \left[\ln y(x_i)_{观} - a - b x_i \right]^2 = 最小 \tag{A-4}$$

下面的实际操作将是以已知的 $y(x_i)_{观}$、x_i 数值求取 a 和 b，并遵从式（A-4）所设定的规矩，继续做以下推导过程。

首先，为简单表述，取 $y'(x_i)_{观} = \ln y(x_i)_{观}$ 代入式（A-4），然后分别对 a 和 b 求导，依式（A-4）设定的规矩就可得下式

$$\begin{cases} \dfrac{\partial\left[\sum\limits_{i=1}^{n} (y'(x_i)_{观} - a - b x_i)^2 \right]}{\partial a} = 0 \\[4mm] \dfrac{\partial\left[\sum\limits_{i=1}^{n} (y'(x_i)_{观} - a - b x_i)^2 \right]}{\partial b} = 0 \end{cases} \tag{A-5}$$

对式（A-5）求解 a 和 b，即可得到

$$\begin{cases} b = \dfrac{n\sum\limits_{i=1}^{n}(x_i \cdot y'(x_i)_{观}) - \sum\limits_{i=1}^{n}x_i \cdot \sum\limits_{i=1}^{n}y'^2(x_i)_{观}}{n\sum\limits_{i=1}^{n}x_1^2 - \left(\sum\limits_{i=1}^{n}x_i\right)^2} \\[6mm] a = \dfrac{1}{n}\sum\limits_{i=1}^{n}y'(x_i)_{观} - b \cdot \dfrac{1}{n}\sum\limits_{i=1}^{n}x_i \end{cases} \tag{A-6}$$

由式（A-6）的表达可以看出，只要将已知观察过程取得的数值 x_i 和 $y'(x_i)_{观}$［$y'(x_i)_{观} = \ln y(x_i)_{观}$］代入，就可以求得 a 和 b 的数值，进而可以由前述 $\ln\alpha = a$ 和 $\beta = b$ 求得相应的 α 和 β，由这两个参数值就可以得到一个可以与观察结果 $y'(x_i)$ 最为接近的 $y(x_i)_{计} = \alpha \cdot e^{\beta x_i}$ 函数表达式，此表达式将实现对观察值最精确的表达。

由式（A-6）进行的计算是足够复杂和繁琐的，幸运的是现在此工作可以由计算软件完成。而可靠性工程师所要做的工作，就是将观察到的数据输入自己选择的最理想的与随机变量变化趋势相吻合的典型表达式即可。

附录 B χ^2 分布

在本书 4.2.3 节已经比较详细讨论了 χ^2 检验的应用及其基本理念，此附录给出一个较详尽的 χ^2 分布数值表（表 B-1），该数值表的内容可用图 B-1 说明。

被检验的样本所含的子样数：	判定各种特定情况下,样本随机数据仍属于原正态分布的概率值
（从 $1,2,3,\cdots$ 到 v，v 为样本中子样的数目） A	依据原已知随机数据总体服从的正态分布参数 μ_0（均值），σ_0（方差）及各子样数据 $A_i(i=1,2,\cdots,v)$ 按照 χ^2 统计量的定义式 $$\chi^2(\mu_0,\sigma_0,v,A_i)=\dfrac{\sum\limits_{i=1}^{v}(A_i-\mu_0)^2}{\sigma_0^2}$$ 计算出 χ^2 值　　　　　　　　　　　　　　　　B

图 B-1 χ^2 分布数值表的内容

图 B-1 所示 A B C 三个区的内容如下：

A 区：从上到下列出某一特定情况下，可以取得的被检验随机变量样本的数目，该数目按 1，2，3，4，$\cdots$ 自上而下排列。

B 区：$\chi^2(\mu_0,\sigma_0,v,A_i)$ 值，给出该特定情况下计算出的 χ^2 数值。

C 区：判断出该特定情况下，随机数据仍属于原已知随机数据所服从的正态分布（μ_0，σ_0）的概率。

查表方法：

首先明确样本所含子样数及各子样的 A_i 值，然后用统计量 χ^2 的计算公式，计算出该特定情况样本的统计量 χ^2 数值，最后在表中找到子样数和 χ^2 计算值所对应的样本属于原正态分布的概率，即从 A 区开始查到 B 区，再查到 C 区，这样就完成了判断过程。

表 B-1 χ^2 分布数值表

n'	样本仍属于原正态分布的概率												
	0.995	0.99	0.975	0.95	0.9	0.75	0.5	0.25	0.1	0.05	0.025	0.01	0.005
1	$\cdots$	$\cdots$	$\cdots$	$\cdots$	0.02	0.1	0.45	1.32	2.71	3.84	5.02	6.63	7.88
2	0.01	0.02	0.02	0.1	0.21	0.58	1.39	2.77	4.61	5.99	7.38	9.21	10.6
3	0.07	0.11	0.22	0.35	0.58	1.21	2.37	4.11	6.25	7.81	9.35	11.34	12.84
4	0.21	0.3	0.48	0.71	1.06	1.92	3.36	5.39	7.78	9.49	11.14	13.28	14.86
5	0.41	0.55	0.83	1.15	1.61	2.67	4.35	5.63	9.24	11.07	12.83	15.09	16.75

续表

n'	样本仍属于原正态分布的概率												
	0.995	0.99	0.975	0.95	0.9	0.75	0.5	0.25	0.1	0.05	0.025	0.01	0.005
6	0.68	0.87	1.24	1.64	2.2	3.45	5.35	7.84	10.64	12.59	14.45	16.81	18.55
7	0.99	1.24	1.69	2.17	2.83	4.25	6.35	9.04	12.02	14.07	16.01	18.48	20.28
8	1.34	1.65	2.18	2.73	3.4	5.07	7.34	10.22	13.36	15.51	17.53	20.09	21.96
9	1.73	2.09	2.7	3.33	4.17	5.9	8.34	11.39	14.68	16.92	19.02	21.67	23.59
10	2.16	2.56	3.25	3.94	4.87	6.74	9.34	12.55	15.99	18.31	20.48	23.21	25.19
11	2.6	3.05	3.82	4.57	5.58	7.58	10.34	13.7	17.28	19.68	21.92	24.72	26.76
12	3.07	3.57	4.4	5.23	6.3	8.44	11.34	14.85	18.55	21.03	23.34	26.22	28.3
13	3.57	4.11	5.01	5.89	7.04	9.3	12.34	15.98	19.81	22.36	24.74	27.69	29.82
14	4.07	4.66	5.63	6.57	7.79	10.17	13.34	17.12	21.06	23.68	26.12	29.14	31.32
15	4.6	5.23	6.27	7.26	8.55	11.04	14.34	18.25	22.31	25	27.49	30.58	32.8
16	5.14	5.81	6.91	7.96	9.31	11.91	15.34	19.37	23.54	26.3	28.85	32	34.27
17	5.7	6.41	7.56	8.67	10.09	12.79	16.34	20.49	24.77	27.59	30.19	33.41	35.72
18	6.26	7.01	8.23	9.39	10.86	13.68	17.34	21.6	25.99	28.87	31.53	34.81	37.16
19	6.84	7.63	8.91	10.12	11.65	14.56	18.34	22.72	27.2	30.14	32.85	36.19	38.58
20	7.43	8.26	9.59	10.85	12.44	15.45	19.34	23.83	28.41	31.41	34.17	37.57	40
21	8.03	8.9	10.28	11.59	13.24	16.34	20.34	24.93	29.62	32.67	35.48	38.93	41.4
22	8.64	9.54	10.98	12.34	14.04	17.24	21.34	26.04	30.81	33.92	36.78	40.29	42.8
23	9.26	10.2	11.69	13.09	14.85	18.14	22.34	27.14	32.01	35.17	38.08	41.64	44.18
24	9.89	10.86	12.4	13.85	15.66	19.04	23.34	28.24	33.2	36.42	39.36	42.98	45.56
25	10.52	11.52	13.12	14.61	16.47	19.94	24.34	29.34	34.38	37.65	40.65	44.31	46.93
26	11.16	12.2	13.84	15.38	17.29	20.84	25.34	30.43	35.56	38.89	41.92	45.64	48.29
27	11.81	12.88	14.57	16.15	18.11	21.75	26.34	31.53	36.74	40.11	43.19	46.96	49.64
28	12.46	13.56	15.31	16.93	18.94	22.66	27.34	32.62	37.92	41.34	44.46	48.28	50.99
29	13.12	14.26	16.05	17.71	19.77	23.57	28.34	33.71	39.09	42.56	45.72	49.59	52.34
30	13.79	14.95	16.79	18.49	20.6	24.48	29.34	34.8	40.26	43.77	46.98	50.89	53.67
40	20.71	22.16	24.43	26.51	29.05	33.66	39.34	45.62	51.8	55.76	59.34	53.69	66.77
50	27.99	29.71	32.36	34.76	37.69	42.94	49.33	56.33	63.17	67.5	71.42	76.15	79.49
60	35.53	37.48	40.48	43.19	46.46	52.29	59.33	56.98	74.4	79.08	83.3	88.38	91.95
70	43.28	45.44	48.76	51.74	55.33	61.7	69.33	77.58	85.53	90.53	95.02	100.42	104.22
80	51.17	53.54	57.15	60.39	64.28	71.14	79.33	88.13	96.58	101.88	106.63	112.33	116.32
90	59.2	61.75	65.65	59.13	73.29	80.62	89.33	98.64	107.56	113.14	118.14	124.12	128.3
100	57.33	70.06	74.22	77.93	82.36	90.13	99.33	109.14	118.5	124.34	129.56	135.81	140.17

附录 C u 分布

书中 4.2.4 节谈到在 SAI 产品状态空间保障的可靠性工程实施中,当产品可靠性工程师需要对产品状态空间某一因素的变化是否明显影响了产品固有属性的统计特性作出判断时,可以使用 u 分布检验。

使用 u 分布检验有两个先决条件:

第一就是反映状态空间因素变化的产品某种参数的随机变量服从已知的正态分布 $N(\mu_0、\sigma_0)$;

第二就是该随机变量已被 χ^2 分布检验证明其方差 σ_0 没有明显改变。

表 C-1 给出一个较详尽的 u 分布数值表。该数值表的内容可用图 C-1 说明。

图 C-1　u 分布数值表的内容

检验的步骤如下:

1)取随机变量的一个样本 $A_i(i=n)$;

2)计算样本 A_i 的 n 个子样均值 $\overline{A_i}$;

3)计算统计量 $u = \dfrac{\overline{A_i} - \mu_0}{\sigma_0} \sqrt{n}$;

4)按照 $|u|$ 绝对值在表 C-1 中找到概率值 $P(u) = \int_u^\infty \dfrac{1}{\sqrt{2\pi}} \cdot \mathrm{e}^{-\frac{u^2}{2}} \mathrm{d}u$;

5)获得随机变量 A_i 仍服从正态分布 $N(\mu_0、\sigma_0)$ 的概率为

$$P(A_i \text{服从} N(\mu_0、\sigma_0) \text{分布}) = 1 - 2P(u)$$

6）SAI 产品可靠性工程师是否需要通知产品工程师采取措施纠正引起产品状态空间某一因素变化的起因，这里要有两步行动：

第一步：找到已有或通过协商制定随机变量 A_i 仍以多高的概率服从原正态分布才是可接受的（不明显影响产品固有属性统计特征）；

第二步，如果从 u 分布检验获得的 $P[A_i$ 服从 $N(\mu_0 \text{、} \sigma_0)$ 分布] 值大于第一步所制定的概率值，则可以不通知产品工程师，否则就要通知产品工程师必须采取行动。

表 C-1　u 分布数值表

$$P(u) = \int_u^\infty \frac{1}{\sqrt{2\pi}} \cdot e^{-\frac{u^2}{2}} \, du$$

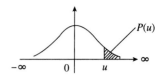

u	0.00	0.01	0.02	0.03	0.04	0.05	0.06	0.07	0.08	0.09
0.0	0.500 0	0.496 0	0.492 0	0.488 0	0.484 0	0.480 1	0.476 1	0.472 1	0.468 1	0.464 1
0.1	0.460 2	0.456 2	0.452 2	0.448 3	0.444 3	0.440 4	0.436 4	0.432 5	0.428 6	0.424 7
0.2	0.420 7	0.416 8	0.412 9	0.409 0	0.405 2	0.401 3	0.397 4	0.393 6	0.389 7	0.385 9
0.3	0.382 1	0.378 3	0.374 5	0.370 7	0.366 9	0.363 2	0.359 4	0.355 7	0.352 0	0.348 3
0.4	0.344 6	0.340 9	0.337 2	0.333 6	0.330 0	0.326 4	0.322 8	0.319 2	0.315 6	0.312 1
0.5	0.308 6	0.305 0	0.301 5	0.298 1	0.294 6	0.291 2	0.287 7	0.284 3	0.281 0	0.277 6
0.6	0.274 3	0.270 9	0.267 6	0.264 3	0.261 1	0.257 8	0.254 6	0.251 4	0.248 3	0.245 1
0.7	0.242 0	0.238 9	0.235 8	0.232 7	0.229 6	0.226 6	0.223 6	0.220 6	0.217 7	0.214 8
0.8	0.211 9	0.209 0	0.206 1	0.203 3	0.200 5	0.197 7	0.194 9	0.192 2	0.189 4	0.186 7
0.9	0.184 1	0.181 4	0.178 8	0.176 2	0.173 6	0.171 1	0.168 5	0.166 0	0.163 5	0.161 1
1.0	0.158 7	0.156 2	0.153 9	0.151 5	0.149 2	0.146 9	0.144 6	0.142 3	0.140 1	0.137 9
1.1	0.135 7	0.133 5	0.131 4	0.129 2	0.127 1	0.125 1	0.123 0	0.121 0	0.119 0	0.117 0
1.2	0.115 1	0.113 1	0.111 2	0.109 3	0.107 5	0.105 6	0.103 8	0.102 0	0.100 3	0.098 5
1.3	0.096 8	0.095 1	0.093 4	0.091 8	0.090 1	0.088 5	0.086 9	0.085 3	0.083 8	0.082 3
1.4	0.080 8	0.079 3	0.077 8	0.076 4	0.074 9	0.073 5	0.072 1	0.070 8	0.068 4	0.068 1
1.5	0.066 8	0.065 5	0.064 3	0.063 0	0.061 8	0.060 6	0.059 4	0.058 2	0.057 1	0.055 9
1.6	0.054 8	0.053 7	0.052 6	0.051 6	0.050 5	0.049 5	0.048 5	0.047 5	0.046 5	0.045 5
1.7	0.044 6	0.043 6	0.042 7	0.041 8	0.040 9	0.040 1	0.039 2	0.038 4	0.037 5	0.036 7
1.8	0.035 9	0.035 1	0.034 4	0.033 6	0.032 9	0.032 2	0.031 4	0.030 7	0.030 1	0.029 4
1.9	0.028 7	0.028 1	0.027 4	0.026 8	0.026 2	0.025 6	0.025 0	0.024 4	0.023 9	0.023 3
2.0	0.022 8	0.022 2	0.021 7	0.021 2	0.020 7	0.020 2	0.019 7	0.019 2	0.018 8	0.018 3
2.1	0.017 9	0.017 4	0.017 0	0.016 6	0.016 2	0.015 8	0.015 4	0.015 0	0.014 6	0.014 3
2.2	0.013 9	0.013 6	0.013 2	0.012 9	0.012 5	0.012 2	0.011 9	0.011 6	0.011 3	0.011 0
2.3	0.010 7	0.010 4	0.010 2	0.009 90	0.009 64	0.009 39	0.009 14	0.008 89	0.008 66	0.008 42
2.4	0.008 20	0.007 98	0.007 76	0.007 55	0.007 34	0.007 14	0.006 95	0.006 72	0.006 57	0.006 39
2.5	0.006 21	0.006 04	0.005 87	0.005 70	0.005 54	0.005 39	0.005 23	0.005 08	0.004 92	0.004 80
2.6	0.004 66	0.004 53	0.004 40	0.004 27	0.004 15	0.004 02	0.003 91	0.003 79	0.003 68	0.003 57
2.7	0.003 47	0.003 36	0.003 26	0.003 17	0.003 07	0.002 98	0.002 89	0.002 80	0.002 72	0.002 64
2.8	0.002 56	0.002 48	0.002 40	0.002 33	0.002 26	0.002 19	0.002 12	0.002 05	0.001 99	0.001 93
2.9	0.001 87	0.001 81	0.001 75	0.001 69	0.001 64	0.001 59	0.001 54	0.001 49	0.001 44	0.001 39
u	0.0	0.1	0.2	0.3	0.4	0.5	0.6	0.7	0.8	0.9
3	0.001 35	0.0³9 69	0.0³6 87	0.0³4 83	0.0³3 37	0.0³2 33	0.0³1 59	0.0³1 08	0.0⁴7 23	0.0⁴4 81
4	0.0⁴3 17	0.0⁴2 07	0.0⁴1 33	0.0⁵8 54	0.0⁵5 41	0.0⁵3 40	0.0⁵2 11	0.0⁵1 30	0.0⁶7 93	0.0⁶4 79
5	0.0⁶2 87	0.0⁶1 70	0.0⁷9 96	0.0⁷5 79	0.0⁷3 33	0.0⁷1 90	0.0⁷1 07	0.0⁸5 99	0.0⁸3 32	0.0⁸1 81
6	0.0⁹9 87	0.0⁹5 30	0.0⁹2 82	0.0⁹1 49	0.0¹⁰7 77	0.0¹⁰4 02	0.0¹⁰2 06	0.0¹⁰1 04	0.0¹¹5 21	0.0¹¹2 60

附录 D 贝叶斯公式理念的举例说明

贝叶斯公式所要表达的理念是：通过对某事物的实践经验，对实践实施之前人们已具备的对该事物实践可能发现的结果预测定量表达进行定量修正。这一理念的理性表达就是"吃一堑，长一智"。这是一个公理，贝叶斯公式将之定量化了，这是一个认知能力质的飞跃。

下面举例说明这种理念是正确的。

有十个人都有可能去做某一件事情，由于各人能力和境遇可能不同，因而当需要判断完成这件事情之后，其结果成功的情况下是谁完成了这件事，显然是个难题。但是可以参照贝叶斯公式所提供的理念，以一个更科学的方法（更符合人们对这类事物认知公理的一个概率理论方法）得出有参照价值的结果。

首先，挖掘可能获得的信息，并得出十个人中某人做这件事获得成功的概率及其可能去做此事的概率，见表 D-1。

表 D-1

10 个人编号	各人能力及境遇决定做成功此事的概率	各人去做此事的概率
1#	$P(B/1^{\#})=0.9$	$P(A_1)=0.1$
2#	$P(B/2^{\#})=0.5$	$P(A_2)=0.1$
...	...	...
...	...	...
10#	$P(B/10^{\#})=0.5$	$P(A_{10})=0.1$

注：表中 B 代表事情成功了；

$P(B/1^{\#}),\cdots,P(B/10^{\#})$ 分别为各人做成功事情的概率；

$P(A_1),\cdots,P(A_{10})$ 分别为各人去做事情的概率（注意：$\sum\limits_{i=1^{\#}}^{10^{\#}} P(A_i)=1$）。

按照贝叶斯公式，要计算出是谁去完成了此事情，即到底谁去完成此事的概率要高一些呢？计算如下

$$P\left(\frac{A_i}{B}\right)=\frac{P\left(\dfrac{B}{A_i}\right)\cdot P(A_i)}{\sum\limits_{i=1}^{10} P\left(\dfrac{B}{A_i}\right)\cdot P(A_i)}$$

式中 A_i ——1# 到 10# 各人；

$P\left(\dfrac{A_i}{B}\right)$ ——由第 A_i 个编号人成功完成事情的概率。

计算结果如下

$$P\left(\frac{A_1}{B}\right) = 0.16$$

$$P\left(\frac{A_2}{B}\right) = P\left(\frac{A_3}{B}\right) = \cdots P\left(\frac{A_{10}}{B}\right) = 0.09$$

　　显然第一个人去做此事情并获得成功的概率为 0.16，明显高于其他九个人去做此事情并获得成功的概率 0.09。这个结论大大修正了原预计每个人都以均等机会去做此事情的认知表达。

　　此例子以简明的对比数值表明贝叶斯公式是符合人们的认知公理的，而且其可贵处在于给出了对公理的定量表达。

附录 E 六个从红外光谱分析结果中识别化合物名称的图谱

1. Aldrich Vapor phase sample library

注：Aldrich 公司提供的 6 000 张自产样品化合物红外谱图。

2. Georgia state crime lab. sample library

注：美国佐治亚州犯罪实验室提供的 1 900 张药品毒品及相关化合物红外谱图。

3. Hummel polymer sample library

注：德国科隆大学物理化学学院提供的 2 000 张高聚物、溶剂、单体、工业化合物红外谱图。

4. Aldrich condensed phase sample library

注：Aldrich 公司提供的 18 000 张纯有机化合物红外谱图。

5. Sigma biological sample library

注：Sigma 公司提供的 10 000 张生物样品红外谱图。

6. Organics by Ramar sample library

注：拉曼公司提供的 1 000 张有机化合物红外谱图。

附录 F 两个从 XPS 光电子能谱仪分析结果中识别元素及化合物化学态的文件

1. Chemical state tables Perkin - elemer corporation physical eletronics division.

2. Standard ESCA spectra of the elements and line energy information Perkin Elmer co.

附录 G SAI 产品可靠性工程专业文献源
(杂志、文集、国际会议等)

1. Journal of the american statistical association

2. Journal of applied reliability

3. IEEE transactions on reliability

4. Reliability engineering and system safety

5. International journal of reliability、quality and safety Engineering

6. Reliability Review

7. Applied Statistics

8. Proceedings Annual reliability and maintainability Symposium

9. European space mechanisms and tribulogy symposium

10. NASA Aerospace mechanisms symposium

11. Engineering Failure Analysis

附录 H 专用名词术语英汉对照

英文	中文
ASME（American society of mechanical engineers）	美国机械工程师协会
ANSI（American national standards institute）	美国国家标准协会
ASTM（American society of testing metirials）	美国材料试验协会
AIAA（American institute of aeronautics and astronautics）	美国航空航天协会
ASQ（American society for quality）	美国质量协会
AEM（atom force microscope）	原子力显微镜
Accelerate life test	加速寿命试验
Assess	估计
AGREE（Advisory grop on reliability of eletronic equipment）	美国国防部电子设备可靠性咨询部
Bayes formula	贝叶斯公式
Bath – tub curve	浴盆曲线
Burn – in Testing	老化试验
Binomial Distributions	二项公式
χ^2（chi – square Distribution）	χ^2 分布
Categorical	确定无疑
Conditional probability	条件概率
Confidence degree	置信度
Conformity	合格
Confidence interval	置信区间
CRE（certified reliability engineer）	持证可靠性工程师
Database	数据库
Data warehouse	数据仓库
Data	数据

Data collection	数据收集
Data management	数据管理
Degradation	退化
Degree of freedom	自由度
Distribution function	分布函数
Derating	降额
Degradation test	退化试验
Data summarization	数据整理
Design	设计
Event	事件
Early failure period	早期失效期
Environmental conditions	环境条件
Exponential distribution	指数分布
Environment test	环境试验
Estimation	估计
ECSS(european cooperation for space standardization)	欧州标准化合作组织
ESA(european space agency)	欧空局
FTIR(fourier transform infrared spectroscope)	傅里叶变换红外光谱分析仪
Failure	失效
Failure rate	失效率
Function test	功能试验
Failure mechanisms	失效机理
Failure mode	失效模式
Failure criteria	失效准则
Failure analysis	失效分析
Failure criterion	失效判据
Gamma distribution	Γ 分布
Gravity acceleration	重力加速度

Gamma function	Γ 函数
Gaussian distribution	高斯分布
IQA UK(Institute of Quality Assurance UK)	英国质量控制协会
ISO(international standard organization)	国际标准化组织
Inspection	检验
Individual	个体
Information integration technology	信息集成技术
Information	信息
Law of Large Numbers	大数定理
Life	寿命
Linear regression	线性回归
Level of significance	显著性水平
MCA(monte – carlo analysis)	蒙特卡洛分析
Mathematical model	数学模型
MTTF(mean time to failure)	平均失效时间
Mean	均值
Maximum likelihood estimation	最大似然估计
NASA(National Aeronautics and space Administration)	美国国家航空航天局
Normal distribution	正态分布
Observed value	观测值
Performance	性能
Population	总体
Population distribution	总体分布
Probability	概率
Probability density	概率密度
Physical modal	物理模型
PDF(probability density function)	概率密度函数
Prion probability	先验概率

Posterior probability	后验概率
Parameter estimation	参数估计
Process	过程
Product item	产品
Purchaser	采购方
Prediction	预计
Qualification test	鉴定试验
Quality control	质量管理
Random event	随机事件
Random failure	偶然失效
Random sample	随机样本
Random variable	随机变量
Reliability	可靠性、可靠度
Reliability apportionment	可靠性分配
Reliability engeneering	可靠性工程
Reliability function	可靠性函数
Reliability prediction	可靠性预计
Random process	随机过程
Reliability test	可靠性试验
Reliability growth	可靠性增长
Redundancy	冗余
SOT(spiral orbit tibometer)	螺旋轨道摩擦实验装置
SAI(space accurate instrument)	空间精密仪器仪表
SADA(sun batteries array drive assemble)	太阳帆板驱动装置
Safety	安全性
Sample	子样
Sample size	样本数量
Sample mean	样本均值

Sample variance	样本方差
Significant level	显著性水平
Standard deviation	标准差
Statistics	统计量
Statistic test	统计试验
Steady random process	平稳随机过程
Standard normal distribution	标准正态分布
Statistics analysis	统计分析
State space	状态空间
SEM(scanning electron microscope)	扫描电子显微镜
Sampling	抽样
Statistical inference	统计推断
SQL(structure query language)	结构化查询语言
Subassembly	部件
System engineering	系统工程
Stress	应力
T_1	产品开始应用时刻
T_2	产品终止应用时刻
Task	任务
Time	时间
Test	试验
Test design	实验设计
TMD(telemetered data)	遥测数据
u - test	u 检验
Unit	单元
Variance	方差
Variable	变量
Validation	确认

Wear – out failure period　　　　　　　　　　　耗损失效期

Weibull distribution　　　　　　　　　　　　　威布尔分布

XPS(x – ray photoelectron spectroscope)　　　　X 射线光电子能谱仪

λ　　　　　　　　　　　　　　　　　　　　　　失效率

μ　　　　　　　　　　　　　　　　　　　　　　正态分布均值

σ　　　　　　　　　　　　　　　　　　　　　　正态分布方差

参 考 文 献

［1］ 浙江大学数学系高等数学教研组．概率论与数理统计．北京：人民教育出版社，1979.

［2］ 中国科学院数学研究所统计组．常用数理统计方法．北京：科学出版社，1974.

［3］ 盐见　弘．可靠性工程基础．北京：科学出版社，1983.

［4］ 陈家鼎，郑忠国．概率与统计．北京：北京大学出版社，2007.

［5］ William Q. Meeker, Luis A. Escobar. Statistical methods for reliability data. Wiley，1998.

［6］ Space tribolagy handbook. ESTL. 2007.

［7］ Huitian Lu，William Lu. Real－time performance reliability prediction. 2001.

［8］ Vladimir crk. Reliability assessment from degradation data. 2000.

［9］ Vincent R. Lalli, Space－system reliability：a historical perspective. 1998.

［10］　Reliability guidenlines to understanding. Reliability prediction，European power，supply manufactures assoction. 2006.

［11］ Massimo palladino，et al. Life prediction of fluid lubricated space beaings：a cage study. 2011.

［12］ Charles E. Ebeling. An introduction to reliability and maintainability engineer. 1997.

［13］ Barlow. Matersatical theory of reliability：a history perspective. 1984.

［14］ T. Jaynes. Probability theory. The logic of science，2003.

［15］ James KByers etl. Pocket handbook of reliability. 1976.

［16］ Jean Jacod Philip Protter. Probality essentials（2nd）. 2004.

［17］ W sheldum M. Ross. Introduction to probability models. 2010.

［18］ Norman Pascoe－Northen telecomn Europe ltd. Reliability technology － principles and practice of failure prevention in electronic system. Wiley，2011.

［19］ Chris P. Tskos. Probability for engineering mathematics and science. 1998 .

［20］ Harry schwarzlander. Probability concepts and theory for engineers. 2011.

［21］ 茆诗松．统计手册．北京：科学出版社，2006 年.

［22］ Jeseph Homel Saleh. Spacecraft reliability and multy－state failures a statistical approach. 2011.

［23］ Anton Hang. Bayesian estimation and tracking. 2012.

［24］ Dimitri Kececiogln. Rebiability engineerig handbook valumel. 1991.

［25］ 樊幼温，杨晓向，周刚，卿涛．动量轮失效物理模型的实验研究．北京控制工程研究所内部资料，2012.

［26］ 樊幼温，卿涛．空间精密仪器仪表摩擦学工程．北京：中国宇航出版社，2013.

［27］ Matta ramatrop. An troduction to contamination control and cleanroom technology. 2000.

［28］ G. parzranello et al. Investigation of anomalous failure of bearing on a fan within the Columbus module of the ISS. 2011.

［29］ 徐经纬，牛利，等．波谱分析．北京：科学出版社，2013 年.

［30］ Charlin R. brooks，Ashok cholldhury. Failure analysis of engineering materials. 2002.

［31］ 魏福祥．现代仪器分析技术及应用．北京：中国石化出版社，2011．

［32］ 王中宇，夏新涛，等．精密仪器的小样本非统计分析原理．北京：北京航空航天大学出版社，2010．

［33］ 董云彦，等．物理化学（第五版）．北京：科学出版社，2013．

［34］ 陈培榕，李景虹，邓勃．现代仪器分析实验与技术．北京：清华大学出版社，2006．

［35］ 袁存光，祝优珍，等．现代仪器分析．北京：化学工业出版社，2012．

［36］ 王立吉．计量学基础．北京：中国计量出版社，1997．

［37］ 马宏．仪器精度理论．北京：北京航空航天大学出版社，2009．

［38］ 苏俊宏，田爱玲，杨利红．现代光学测试技术．北京：科学出版社，2013．

［39］ Standard test method for determining to tribology behavior and the relative of fluid lunricant using the sprial tribometer. ASTM designation：F2661 - 07.

［40］ William R. Jones et al. A new apparatus to evaluate lubricants for space applications - the sprial orbit tribometer（SOT）. NASA/TM — 2000 - 209935，2000.

［41］ Michal buttery. An evaluation of liquid，solid，and grease lubricants for space mechanisms using sprial orbit tribometer. Proceedings of the 40th Aerospace Mechanisms Symposium. NASA Kennedy Space Center，May 12 - 14，2010.

［42］ Massimo palladino et al. Life Prediction of fluid lubricated space bearings. 2011.

［43］ Michale buttery. Spiral orbit tribometre assesments of space lubricants. 2009.

［44］ Stephen V. Pepper & Edward P. Kingsbury. Spiral Orbit Tribometry — Part I：Description of the Tribometer，Tribology Transactions，46：1，57 - 64，2003.

［45］ Stephen V. Pepper，Edward P. Kingsbury. Spiral orbit tribometry - part II：evaluation of three liquid lubricants in vacuum. Tribology Transactions，46：1，65 - 69，2003.

［46］ M. Bettry et al. Fomnlin Z25：A new method for it's degradation assesmer and proposal for safe operating in space 2013.

［47］ 《excel 在统计中的应用》．www. riskage. com.

［48］ 王吉文，林言丽，樊幼温．飞轮在轨运行数据收集及数据库开发任务书．北京控制工程研究所内部资料，2010．

［49］ 赵振岩，彭梅，等．飞轮在轨运行数据库等及数据库开发系统项目总结报告．北京控制工程研究所内部资料，2010．

［50］ Peter R. b，Cailos Coronel. 数据库系统设计、实现与管理．北京：清华大学出版社，2012．

［51］ 陈慧娟．数据库原理与应用．北京：科学出版社，2006．

［52］ Ronada E. walpole et al. Essentials of probability & statistics for engineer & scientists. 2013.

［53］ 任立明．可靠性工程师必备知识手册．北京：中国标准出版社，2013．

［54］ Patrick D. T. et al. Practical reliability engineering. 2010.

［55］ Benjamin Sblanchard et al. Systems engineering analysis. 2011.

［56］ 魏福祥．现代分子光谱技术及应用．北京：中国石化出版社，2015．

［57］ 陈明．大数据概论．北京：科学出版社，2015．

［58］ 阎邦椿．机械设计手册．第五版．北京：机械工业出版社，2010．

［59］ 陆嘉恒．大数据挑战与NOSQL数据库技术．北京：电子工业出版社，2013．

［60］ 倪志伟，倪丽萍，等．动态数据挖掘．北京：科学出版社，2010．

［61］ Charles E. Ebeling. A introduction to Reliability and Maintain - ability Engineering. 1997.